愛玩動物看護師になるには

なるにはBOOKS 90

大岳美帆 著

ぺりかん社

はじめに

２０２３年４月に国家資格をもった愛玩動物《あいがんどうぶつ》看護師が誕生《たんじょう》するまでは、動物の看護に必《ひっ》須《す》な資格はなく、動物病院などで動物の看護に当たっていたのは、多くが民間資格の「認定動物看護師」でした。第２回の国家試験を終えた２０２４年４月１日現在、認定動物看護師登録者数は３万９９７名で、その半数以上の２万６４８名が、愛玩動物看護師として登録しています。今後、国家試験の回を重ねるごとに、愛玩動物看護師の登録者数は増えていくことでしょう。

人と同じように、犬や猫《ねこ》の寿命も延びて高齢《こうれい》になれば、心臓病や腎臓《じんぞう》病、認知症《しょう》やがんなどをわずらいます。重篤《じゅうとく》な病気に限らず、予防接種や健康診断《しんだん》、骨折をはじめとするケガなど、さまざまな理由で飼《か》っている動物がお世話になるのは動物病院です。そこで飼《か》い主が最初に言葉を交わすのは、愛玩動物看護師かもしれません。獣医師《じゅういし》には気安く聞けないことや言いにくいことも、愛玩動物看護師には伝えることができます。よく言われるように「獣医師《じゅういし》と飼《か》い主の架《か》け橋」になるのが動物の看護師なのです。

そんな動物の看護師さんたちに支えられて、私も何頭もの愛犬、愛猫《あいびょう》との暮《く》らしをまっとうしてきました。人の病院と違《ちが》い、内科や外科、眼科、耳鼻咽喉《いんこう》科、皮膚《ひふ》科など、多くの診療科《しんりょう》を一人で診《み》る獣医師《じゅういし》と動物の看護師さんはすごいなと常々思っていました。
私の犬や猫《ねこ》のかかりつけの動物病院は町中の小さな病院で、ＣＴ（Ｘ線を利用して体の中の状態を断面の画像として表す）やＭＲＩ（強い磁石と電磁波を利用して体の中の状態を断面の画像で表す）といった検査機器こそありませんでしたが、目の病気から悪性腫瘍《しゅよう》、腸の難病など、かなり深刻な病状にも対応してくれました。この本の中で紹介《しょうかい》したアメリカの動物医療《いりょう》とは異なり、日本《にほん》では大学病院や大きな専門病院にかからなくても、かかりつけの動物病院だけでペットが生涯《しょうがい》を終えるケースも少なくありません。これからは、かかりつけの動物病院と専門科に分かれた大きな病院の連携《れんけい》がさらに進み、専門の診療科《しんりょう》が受診《じゅしん》しやすくなるかもしれません。それにともない、愛玩動物看護師の活躍《かつやく》の幅《はば》も広がることでしょう。

働く現場がどこであれ、愛玩動物看護師の仕事は獣医師《じゅういし》をサポートし、人の生活にうるおいを与《あた》えてくれる、コンパニオン・アニマル（家族の一員である伴侶《はんりょ》動物）の命を託《たく》される、責任のある仕事です。この本で紹介《しょうかい》している愛玩動物看護師のみなさんが、その仕事ぶりを伝えてくれています。読んだ後、愛玩動物看護師の大変さと魅力《みりょく》を理解し、社会的な意義がある仕事として、めざしてもらえたらうれしいです。

著者

愛玩動物看護師になるには　目次

はじめに …… 3
カラー口絵　コンパニオン・アニマルの命を託される　愛玩動物看護師 …… 9

［1章］ドキュメント　獣医師をサポートし飼い主との架け橋に！

ドキュメント1　地域で慕われるホームドクターの下で働く …… 18
鈴木美栄さん・さかい動物病院

ドキュメント2　一・五次診療の病院で専門外来にもかかわる …… 30
圓尾文子さん・夕やけの丘動物病院

ドキュメント3　総合動物病院でスキルアップをめざす …… 42
田崎圭悟さん・新座動物総合医療センター

［2章］愛玩動物看護師の世界

愛玩動物看護師とは …… 56
動物看護教育の始まり／動物看護のプロの技術水準と地位の向上をめざす／国家資格として愛玩動物看護師が誕生／認定動物看護師から愛玩動物看護師へ／愛玩動物看護師にしかできないこと／愛玩動物しか診てあげられないの？

愛玩動物看護師の仕事 ……63
治療以外の仕事も多い／診療にかかわる仕事／診療以外の仕事／二次診療、救急診療の動物病院では
【Column】エンゼルケアとグリーフケア ……72
ミニドキュメント1 **高度医療機関で働くということ** ……74
田中謙次さん・市川衣美さん・東京農工大学小金井動物救急医療センター
ミニドキュメント2 **動物の看護師の海外事情とこれからの日本の動物看護** ……82
小田民美さん・日本獣医生命科学大学獣医保健看護学科
生活と収入 ……90
診察時間と勤務時間／シフト制で勤務する場合／施設の規模や経験年数によって幅がある年収／給与や待遇は改善傾向に／心身の健康維持に気をつかおう
愛玩動物看護師のこれから ……96
地位を築くには時間がかかる／獣医師の理解は不可欠／国家資格の取得がゴールではない／動物病院以外にも活躍の場が
【Column】災害時、人と動物を支える動物支援ナース ……102

[3章] なるにはコース

適性と心構え ……106
動物も人も好きでなければ／コミュニケーション能力は必須／自分だけの強みをもとう／職業人として一般的に望まれること／コンパニオン・アニマルの力／人と動物の絆を結ぶ尊い仕事

愛玩動物看護師養成校で学ぶこと 112
愛玩動物看護師になりたいと思ったら／愛玩動物看護師に必要な基本的な力を養う／
習得する技術を模型で実習／専門学校はゴールを決めた学び／進路変更がしやすい大学での学び／
国家資格取得に必要な科目
【Column】メッセージ・専門職短期大学を選んだ理由 120
愛玩動物看護師の資格 122
国家試験の受験資格とは／動物看護師として働いてきた人は？／法律の施行前の卒業生や在校生は？／
登録してはじめて資格を取得したことに
就職への道のり 126
インターンシップや見学で現場にふれる／一次診療の経験は重要／動物病院への就職はほぼ確実
【Column】メッセージ・命を預かる責任ある仕事 130

【なるにはフローチャート】愛玩動物看護師 133
なるにはブックガイド 134
職業ＭＡＰ！ 136

※本書に登場する方々の所属などは取材時のものです。

[装幀] 図工室　[カバーイラスト] ハラアツシ　[本文写真] 大岳美帆

「なるにはBOOKS」を手に取ってくれたあなたへ

「働く」って、どういうことでしょうか?

「毎日、会社に行くこと」「お金を稼《かせ》ぐこと」「生活のために我慢《がまん》すること」。

どれも正解です。でも、それだけでしょうか? 「なるにはBOOKS」は、みなさんに「働く」ことの魅力《みりょく》を伝えるために1971年から刊行している職業紹介《しょうかい》ガイドブックです。

各巻は3章で構成されています。

[1章] ドキュメント 今、この職業に就いている先輩《せんぱい》が登場して、仕事にかける熱意や誇《ほこ》り、苦労したこと、楽しかったこと、自分の成長につながったエピソードなどを本音で語ります。

[2章] 仕事の世界 職業の成り立ちや社会での役割、必要な資格や技術、将来性などを紹介《しょうかい》します。

[3章] なるにはコース なり方を具体的に解説します。適性や心構え、資格の取り方、進学先などを参考に、これからの自分の進路と照らし合わせてみてください。

この本を読み終わった時、あなたのこの職業へのイメージが変わっているかもしれません。

「やる気が湧《わ》いてきた」「自分には無理そうだ」「ほかの仕事についても調べてみよう」。

どの道を選ぶのも、あなたしだいです。「なるにはBOOKS」が、あなたの将来を照らす水先案内になることを祈っています。

コンパニオン・アニマルの命を託される

愛玩動物看護師

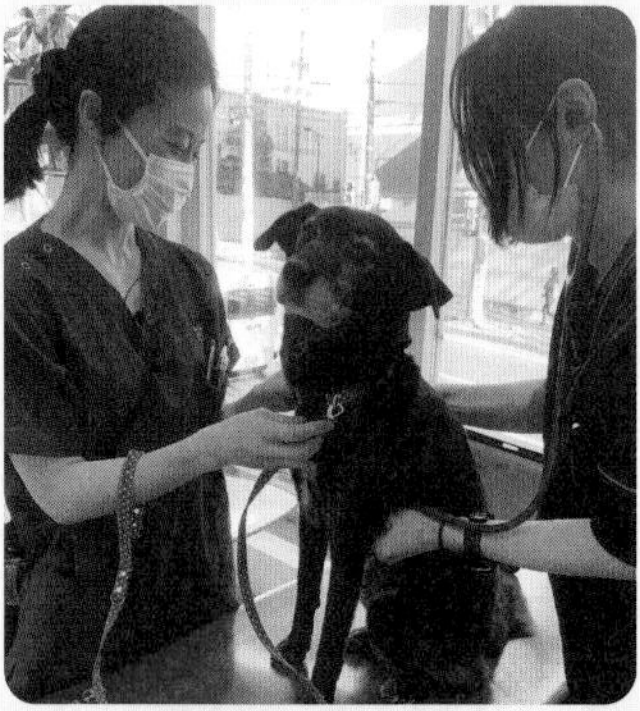

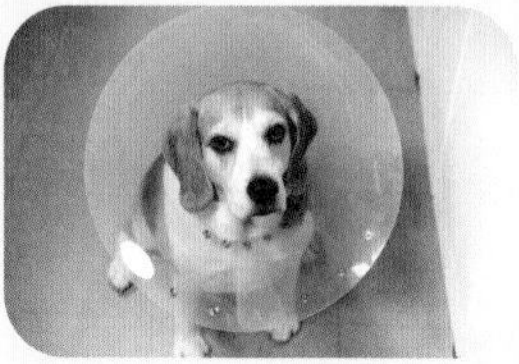

＊

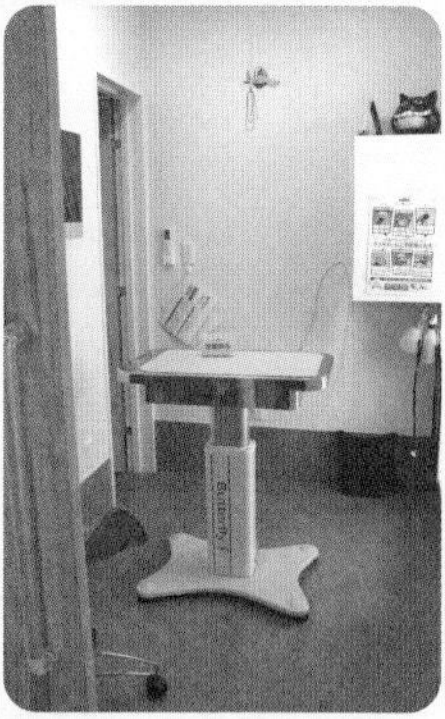

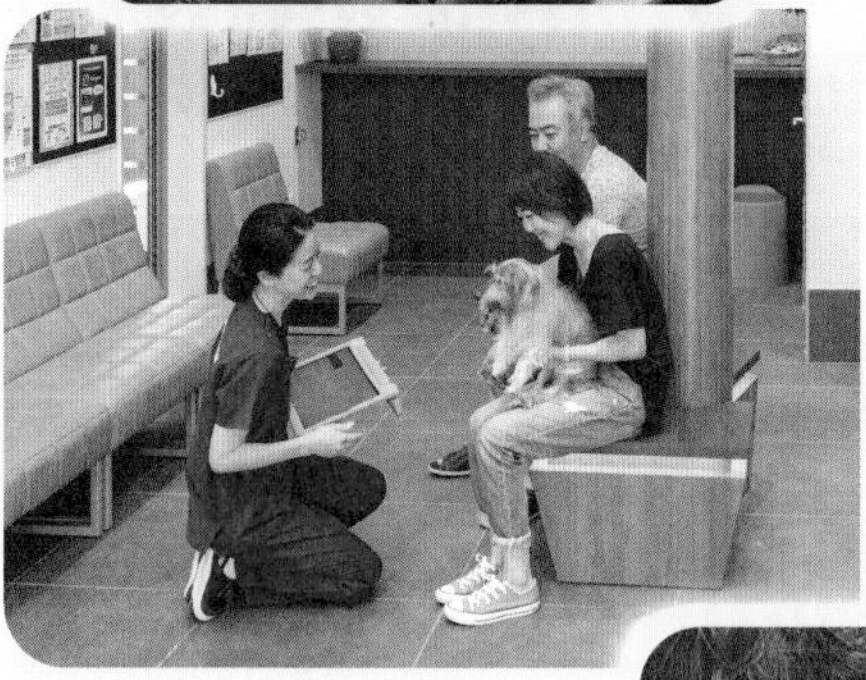

＊

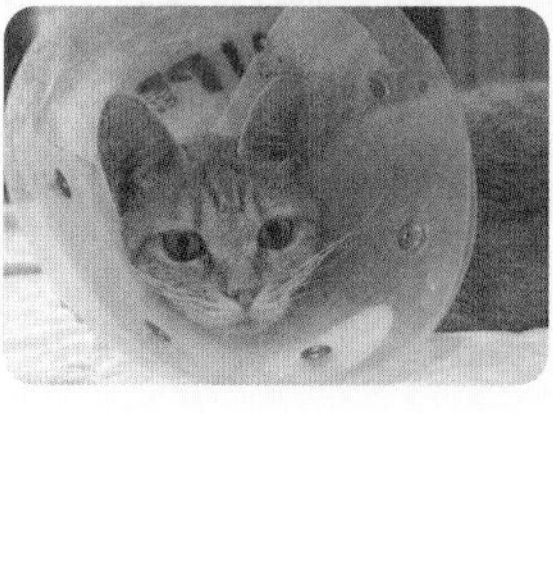

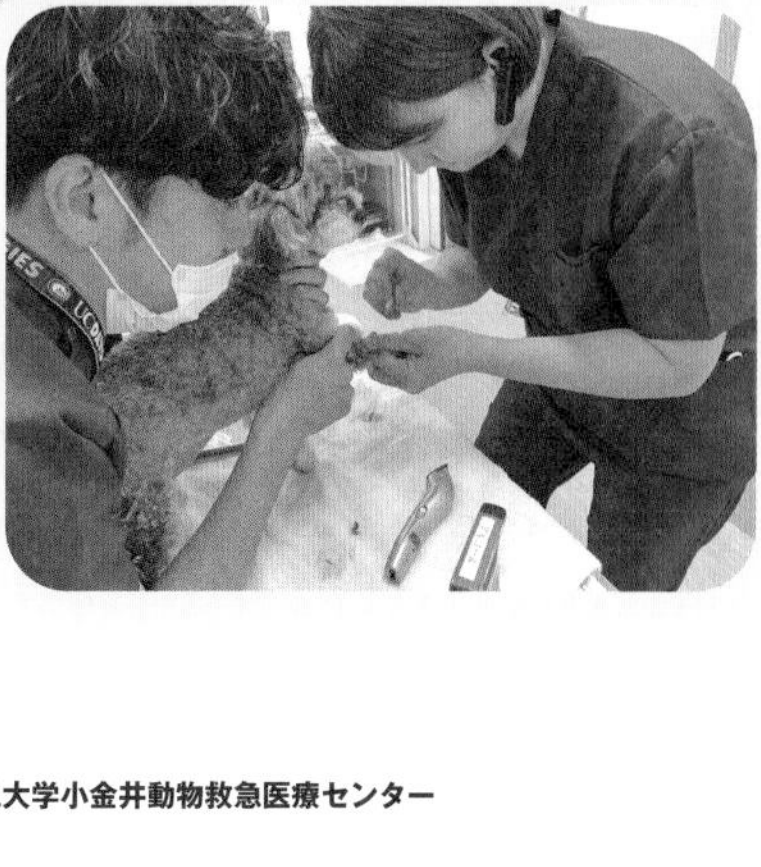

＊＊

写真提供　＊夕やけの丘動物病院、＊＊東京農工大学小金井動物救急医療センター

町の動物病院を見てみよう

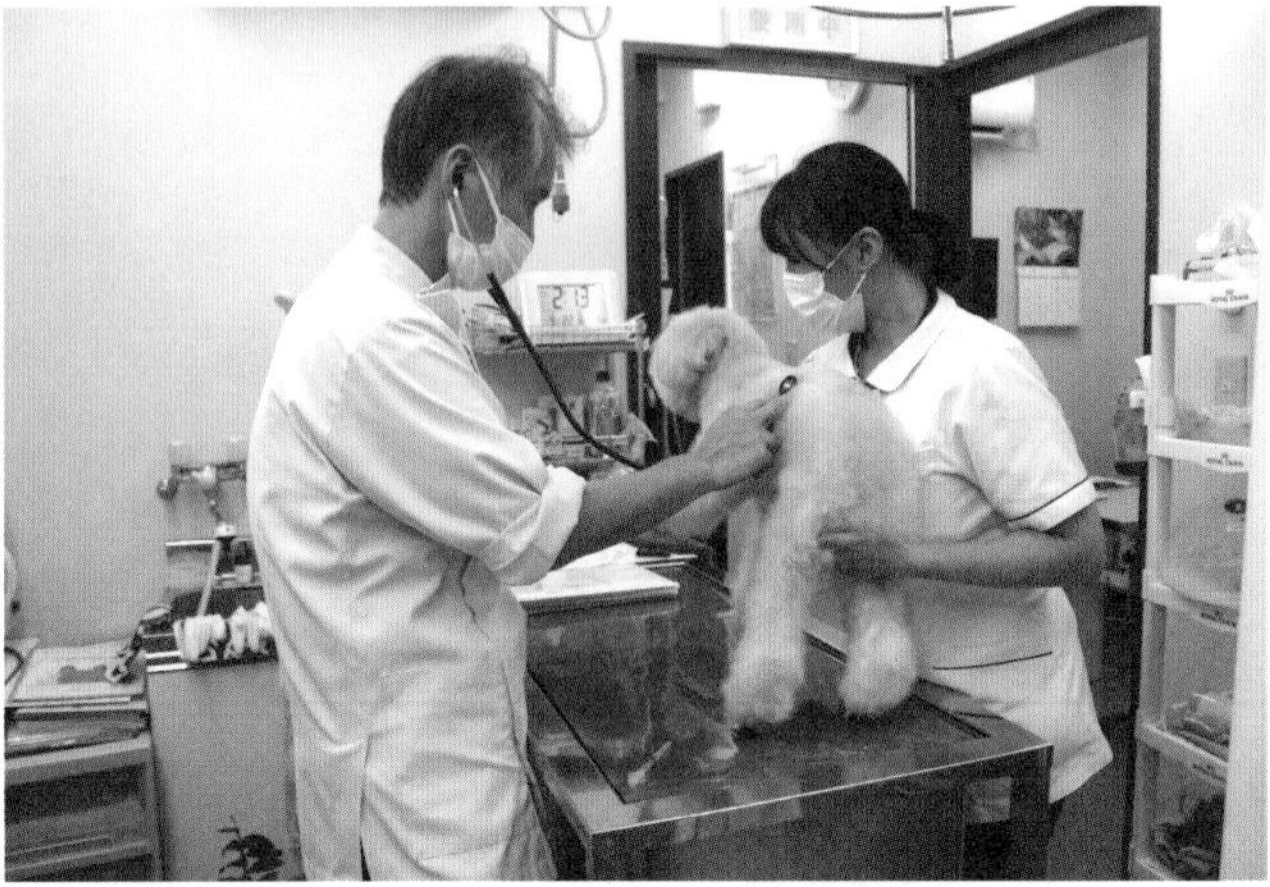

診察中。カルテ内容や飼い主からの報告を獣医師に伝え、診察の時は患者を保定

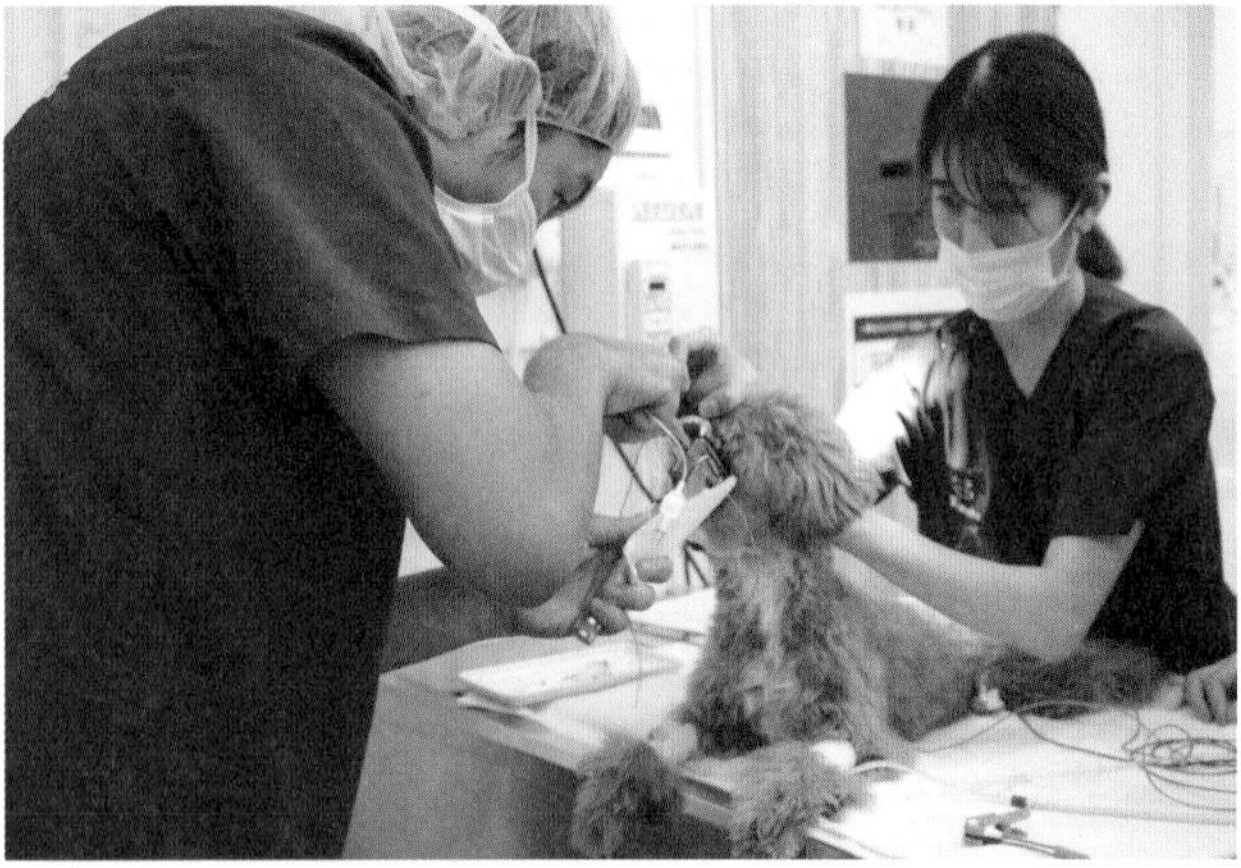

麻酔をかけた患者に獣医師が呼吸器を挿入。患者の呼吸の数値や挿管の様子にも注意を払う

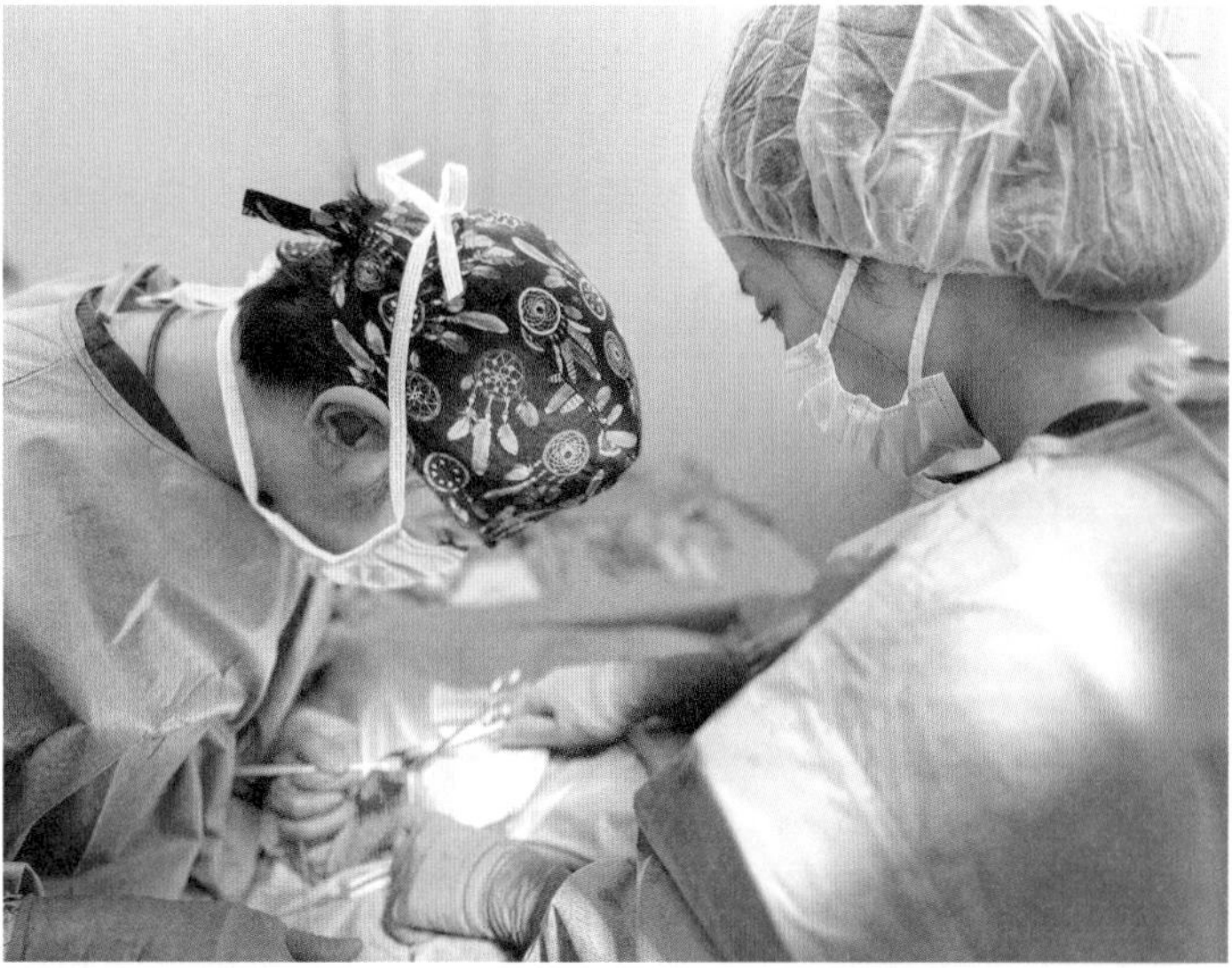
*

手術助手として獣医師をサポート

不安にならないよう病院の
外にも待合スペース

受付カウンターには
リードフックが

猫の診察室にはドアノブや
壁の表と裏に工夫が！

写真提供　＊夕やけの丘動物病院

高度医療の動物病院を見てみよう

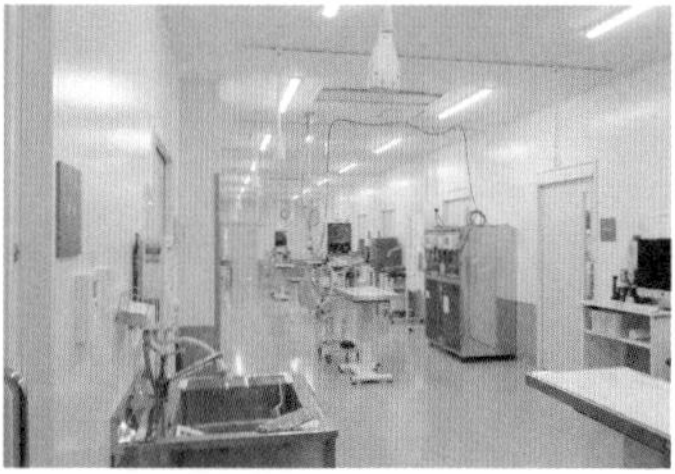

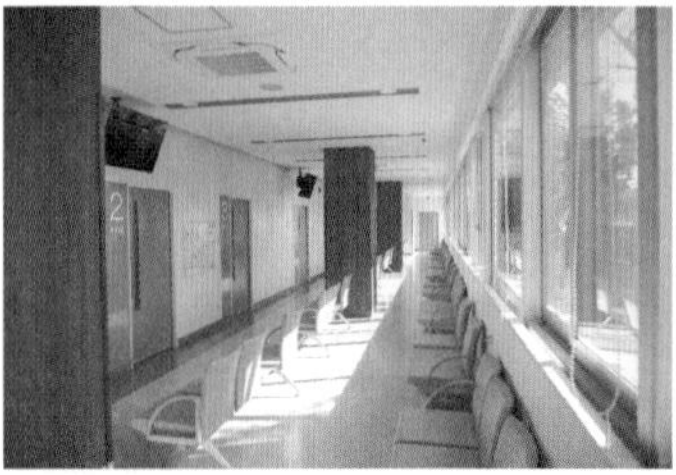

診察室の奥にある処置室。
体重測定ができる処置台や麻酔器、
モニターなどがならぶ

待合室。
飼い主どうしの接触を避けられる広いスペース

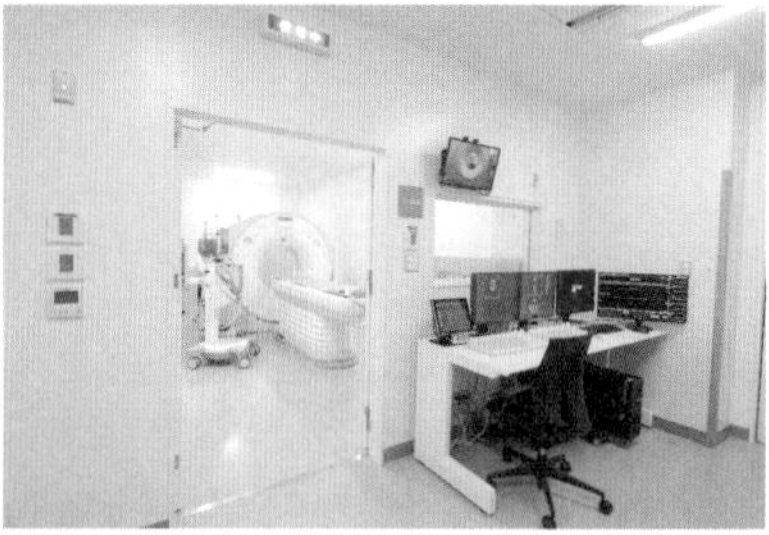

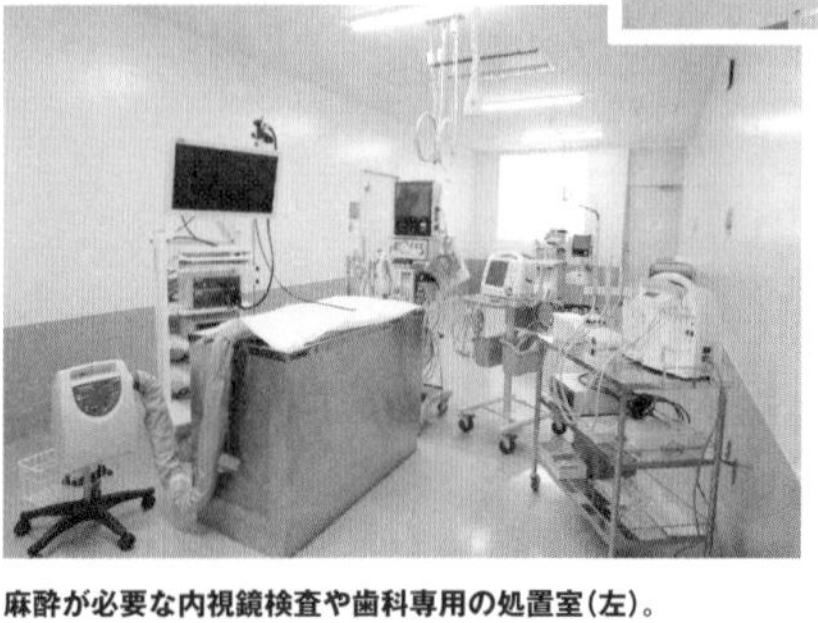

麻酔が必要な内視鏡検査や歯科専用の処置室(左)。
画像診断はＭＲＩ室(右)、ＣＴ室、Ｘ線検査室で行う

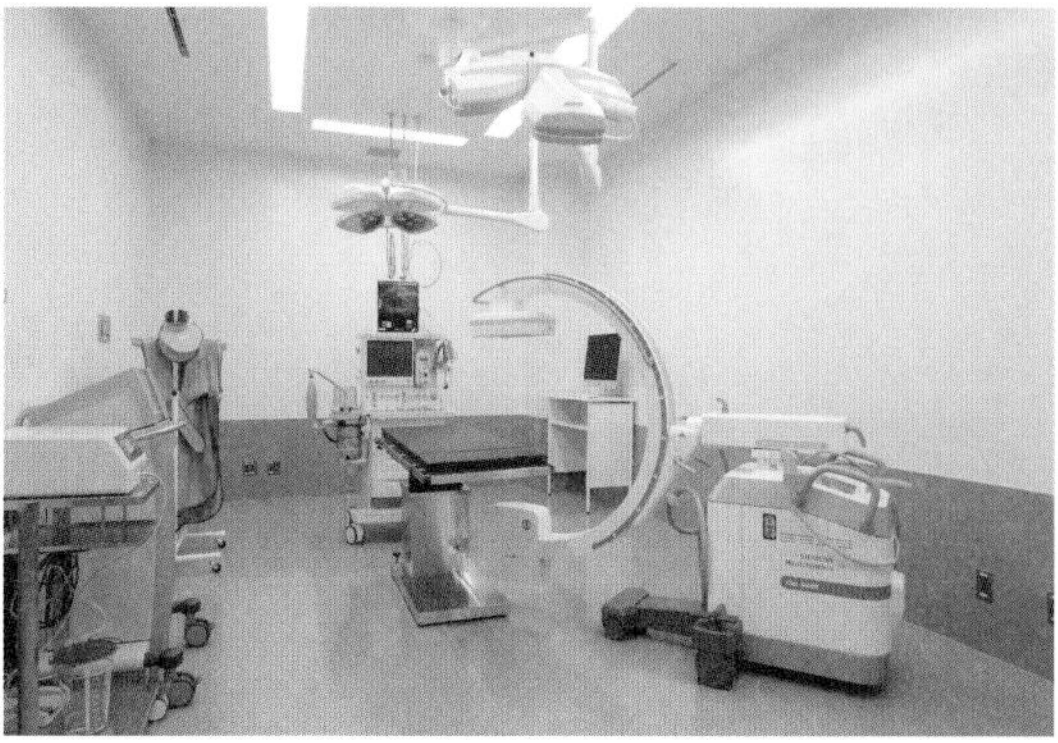

手術台も複数完備。
X線投影装置Cアームがある手術台では血管造影が必要な手術などが行われる

入院室。犬と猫それぞれ別室。大型犬専用の入院室(右)もある

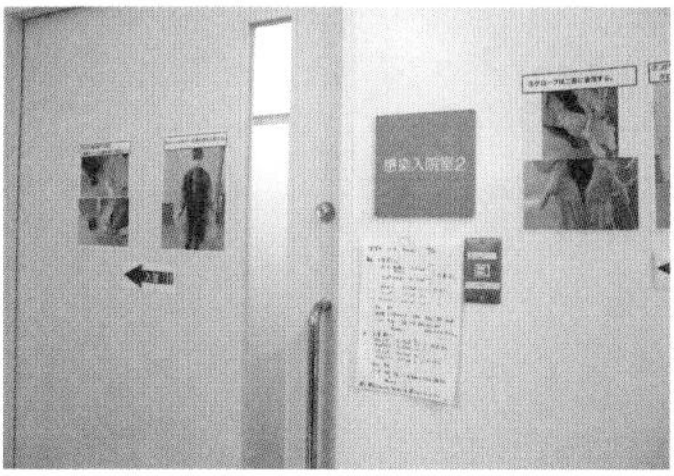

感染入院室。
感染症対策として室外へ空気が
漏れ出ない陰圧になっている

写真提供　東京農工大学小金井動物救急医療センター

■大学での学びを見てみよう■

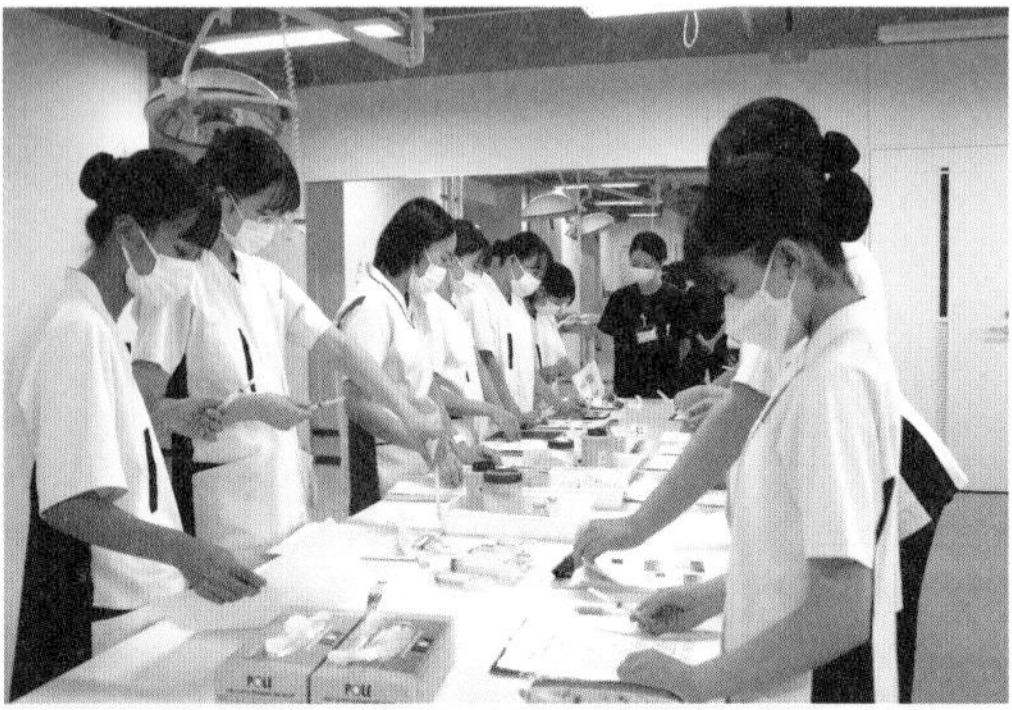

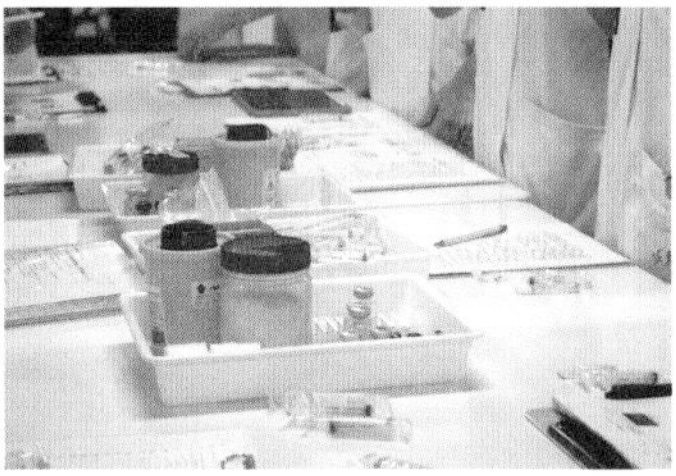

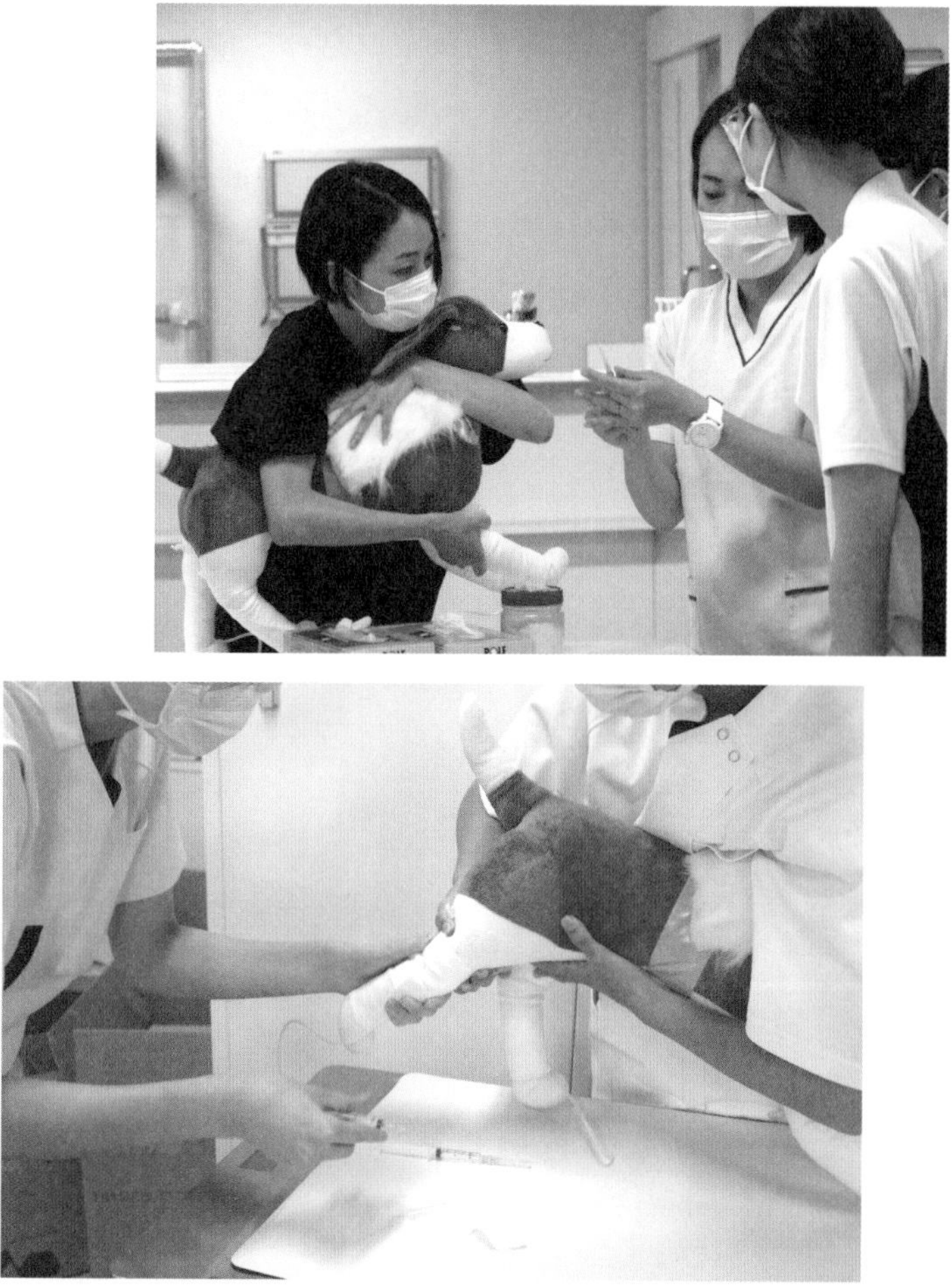

日本獣医生命科学大学獣医保健看護学科での実習。二人一組になり、モデルを使って保定と採血

専門学校での学びを見てみよう

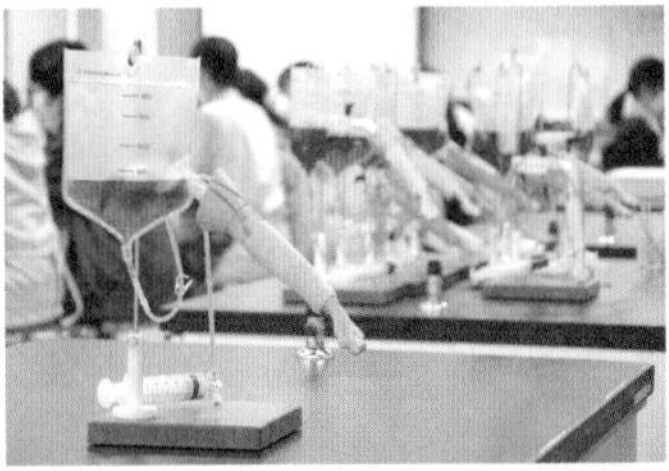
＊

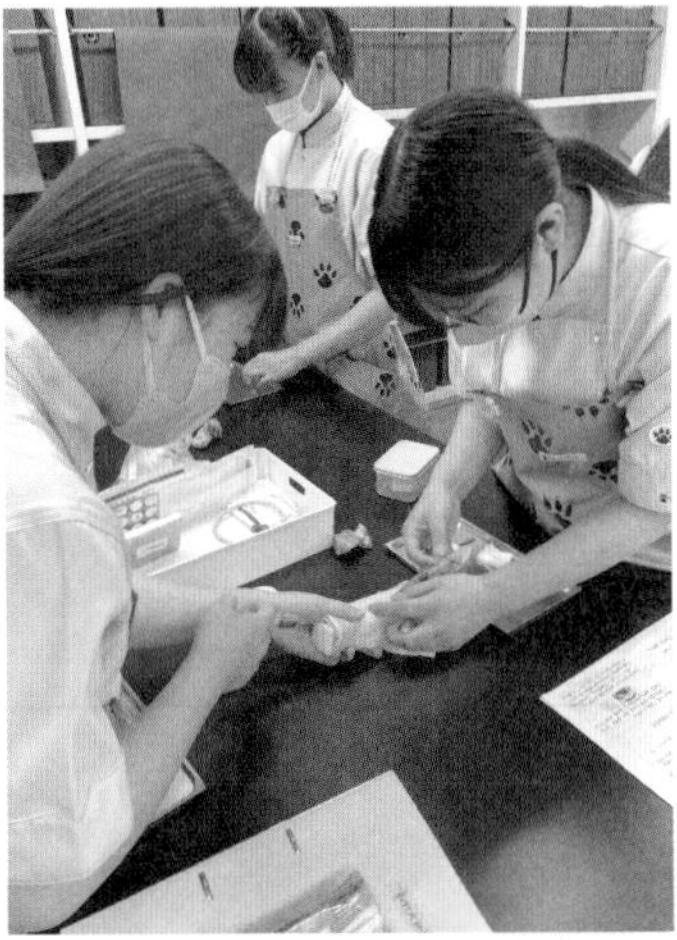
＊

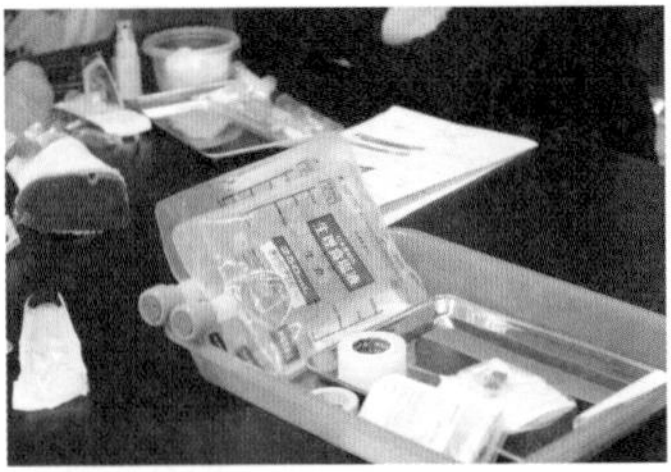
＊

輸液教材や採血器具を使用して実習

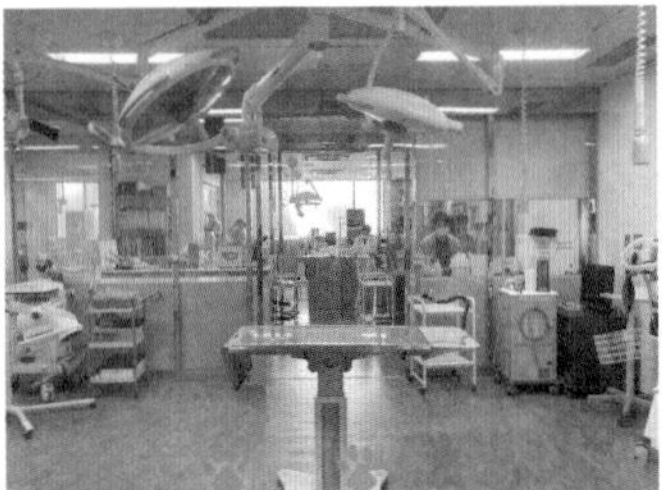

校内には動物病院も併設され実際の現場を
体験することができる

水中で犬のリハビリテーションを行う医療設備、
アンダーウォータートレッドミル

写真提供　＊ヤマザキ学園

1章

ドキュメント

獣医師をサポートし飼い主との架け橋に！

ドキュメント 1 地域で慕われるホームドクターの下で働く

ペットの生涯に寄り添う かかりつけの動物病院

さかい動物病院《どうぶつびょういん》
鈴木《すずき》美栄《みえ》さん

取材先提供

鈴木さんの歩んだ道のり

1991年埼玉《さいたま》県東松山《ひがしまつやま》市で生まれ育つ。高校卒業後、大宮国際動物《おおみやこくさいどうぶつ》専門学校に入学。中学校の職業体験学習で動物園の飼育《しいく》員を体験し、将来的に飼育《しいく》員の道を思い描《えが》いたことも。高校の進路指導の先生の勧《すす》めで、専門学校の動物看護学科（当時）に進学。卒業後、埼玉県朝霞《あさか》市にあるさかい動物病院に就職。院長と二人で地域のペットの一次診療《しんりょう》を支えている。

動物病院の種類

朝9時からの診察《しんさつ》時間の前に、病院のガラスのドアに、外から見えるように「診察《しんりょう》中」と書かれたボードをつるすと、鈴木美栄さんの愛玩動物《あいがんどうぶつ》看護師としての一日が始まります。

鈴木さんが勤めるさかい動物病院は、埼玉県朝霞市の市役所や郵便局が並《なら》ぶ通りから、少し離《はな》れた場所にあります。東武東上《とうぶとうじょう》線の朝霞駅から徒歩6分ほど。鈴木さんは沿線の東松山にある自宅から通っています。スタッフは、院長である獣医師《じゅういし》の酒井律《さかいいただし》さんと愛玩動物看護師の鈴木さんの二人で、一次診療《しんりょう》を担っている動物病院です。

一次診療《しんりょう》って何でしょうか？　聞きなれない言葉かもしれません。この本では以降も動物病院の説明に「一次診療《しんりょう》」と「二次診療《しんりょう》」という表現が出てくるので、ここで簡単に説明しておきましょう。

人の医療《いりょう》では、熱が出たり、おなかが痛くなった時、まず「町のお医者さん」に行くと思います。それが動物医療《いりょう》でいう一次診療《しんりょう》の病院です。一次診療《しんりょう》を行うのは、たとえばペットの犬や猫《ねこ》が病気になった時、はじめにかかる町中の一般《いっぱん》的な動物病院だと思っていいでしょう。

ワクチン接種やフィラリア症《しょう》（フィラリアという寄生虫による病気）などの予防薬を処方してもらったり、去勢手術や避妊《ひにん》手術、内科や外科、泌尿器《ひにょうき》科、耳鼻科、眼科などの病気もできる限り治療《ちりょう》してもらえます。病院との相性もよく、通うようになれば、かかりつけ医（ホームドクター）として信頼《しんらい》し、ペットの健康のいちばんの相談相手となります。

地域の信頼できる病院、さかい動物病院

一方二次診療《しんりょう》とは、一次診療《しんりょう》のかかりつけ医で治療《ちりょう》が難しい病気だったり、専門的な検査や診断《しんだん》が必要な場合に、かかりつけ医から紹介《しょうかい》してもらって行く大学病院などの大きな病院で行う医療《いりょう》です。人の医療《いりょう》でも町のお医者さんに「一度、精密検査をしてもらったほうがいいでしょう」と言われて、大きな病院に紹介《しょうかい》状を書いてもらうことがあります。

二次診療《しんりょう》を行う施設《しせつ》では、CTやMRIといった特殊《とくしゅ》な検査機器がそろっていて、多くの病院が、がんなどを診《み》る腫瘍《しゅよう》科や心臓病などを治療《ちりょう》する循環器《じゅんかんき》科、整形外科や眼科、皮《ひ》膚《ふ》科などの専門分野に分かれて診療《しんりょう》を行っています。

動物園の飼《し》育《いく》員体験

さかい動物病院は、一次診療《しんりょう》のホームドクターとして地域の多くの飼《か》い主《ぬし》に慕《した》われ、検査や治療《ちりょう》の必要に応じて、飼《か》い主と相談のうえで、連携《れんけい》している二次診療《しんりょう》の病院を紹介《しょうかい》しています。そんなさかい動物病院に、鈴木さんが就職したのは2011年のことでした。

鈴木さんには小学生の時に飼《か》った猫《ねこ》のこと

で、苦い思い出があります。今では猫《ねこ》も室内で飼《か》うことが勧《すす》められていますが、鈴木さんの家では当時、猫《ねこ》が家と外を行き来することを許していました。もらったばかりの1歳《さい》くらいの猫《ねこ》が、外に出たいというしぐさをしたので、出してあげたのです。

翌朝、鈴木さんは家の近くで、その猫《ねこ》が車にひかれているのを目にしました。「せっかく家に慣れてきたところだったのに、ほんとうにかわいそうで、何もできなかったことをものすごく悔《く》いました」と鈴木さんは、かみしめるように言いました。

何もできなかったと悔《く》いる気持ちが、いつしか動物に何かをしてあげたいという気持ちにつながっていきました。中学校の職場体験学習では、動物園の飼育《しいく》員体験を希望しました。場所は地元の東松山市にある埼玉県こど

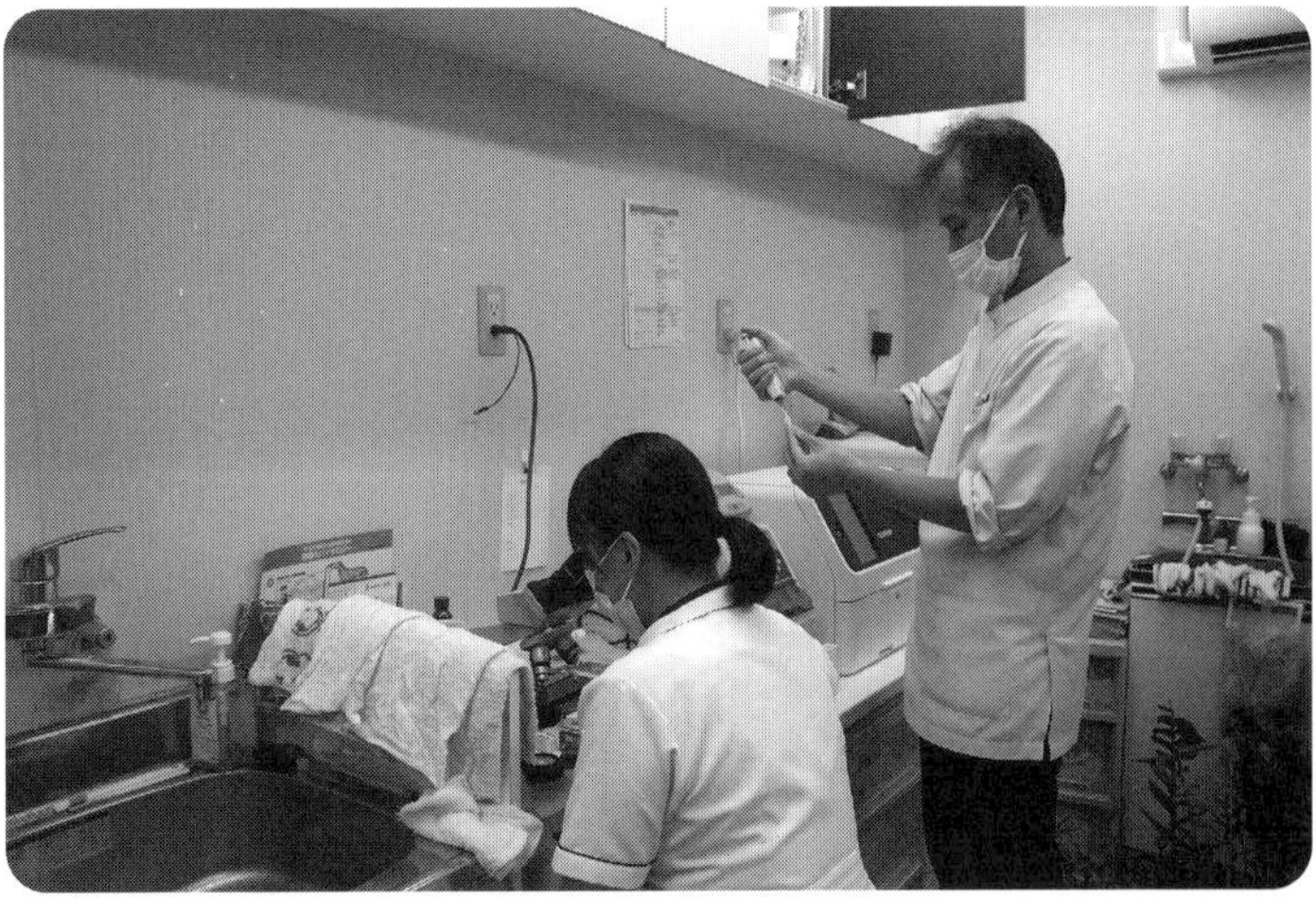
酒井獣医師と二人三脚

も動物自然公園《どうぶつしぜんこうえん》。コアラやキリン、レッサーパンダなど人気の動物や、クオッカやグンディといっためずらしい動物まで、約180種類の動物が飼育《しいく》されています。

鈴木さんは小動物が好きだったので、モルモットやウサギなどとふれあう広場で、来場者と話したり、抱《だ》き方などを教えたりする体験をしたほか、ヤギやヒツジの飼育《しいく》室の掃除《そうじ》もさせてもらいました。ここでの1週間は鈴木さんにとって、将来にかかわる貴重な経験をした1週間となりました。

将来をみすえて動物看護学科へ

高校卒業後、「動物園の飼育員《しいく》」になるための進路を考えていた鈴木さんは、動物系の専門学校に行った高校の卒業生から「動物園で働きたいなら、現場で経験を積んだほうがいいので、就職したほうがいいよ」と勧《すす》められ、思い悩《なや》みます。

そこで担任の先生に相談すると、動物の病気のことも学べ、役に立てる仕事への道として、専門学校の動物看護学科という進路をあげてくれたのです。こうして鈴木さんは大宮国際動物専門学校の動物看護学科（当時）で、2年間勉強することになりました。

動物看護学科では校有の看護犬を10頭から15頭管理し、実習は模型を使って行っていました。動物看護学科でもグルーミングの授業があり、ひと通りのケアは学びます。「夢《ゆめ》に向かっている人たちが集まっている所だったので触発《しょくはつ》されたし、特につまずくことはありませんでした」と鈴木さん。

2年生の時に自宅から近い、スタッフが十数名いる動物病院と、自分の飼《か》い猫《ねこ》を診《み》ても

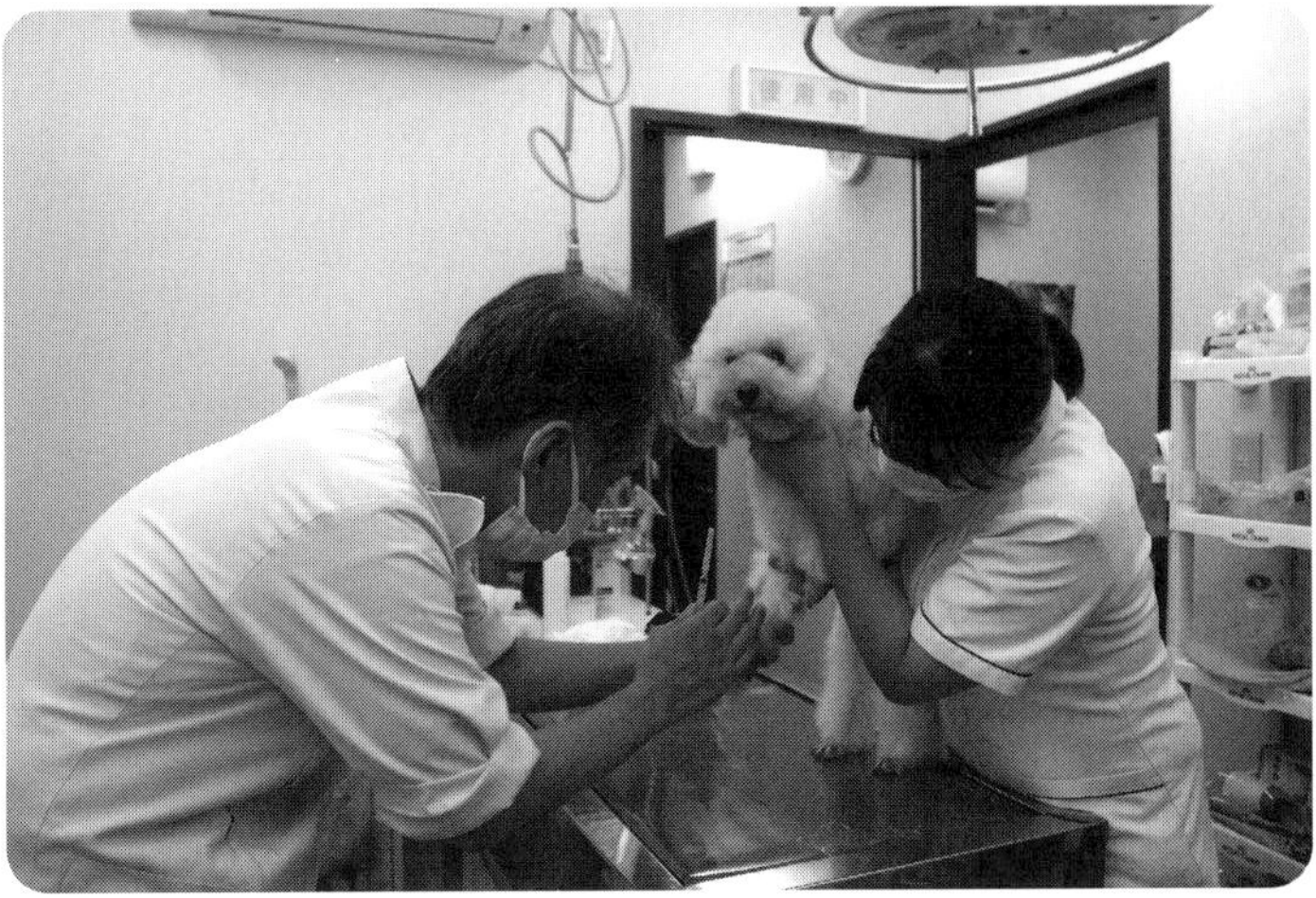

診療がすみやかに進むように的確に補助

らっていたかかりつけの動物病院に、希望を出してインターン実習に行きました。どちらかの病院で働きたいと思っていたのですが、鈴木さんが卒業する年には、いずれも採用がありませんでした。

そんな時に進路指導の先生から教えられたのが、さかい動物病院でした。さかい動物病院では、それまで勤務していたベテランの動物看護師の都合で、もう一人、動物看護師が必要になり、急遽《きゅうきょ》学校に募集《ぼしゅう》をかけていたのです。

面接に行くと、酒井院長は説明もていねいで優しく、すぐに退職することになってはいたけれど、先輩《せんぱい》動物看護師の印象もよく、鈴木さんはここで働いてみたいと思いました。こうして「動物に何かしてあげたい」という思いの第一歩を踏《ふ》み出したのでした。

愛玩動物看護師としての仕事

さかい動物病院の診察《しんさつ》は朝9時からです。診察《しんさつ》時間の少し前に、鈴木さんが「診療《しんりょう》中」のカードを掲《かか》げます。少しでも早く犬や猫《ねこ》を診察《しんさつ》してもらいたい飼《か》い主が、病院の前ですでに待っていることもあります。

まずは受付対応から始まります。飼《か》い主をはじめ動物病院を訪れた人にとって、愛玩動物看護師はファーストタッチの人です。獣医《じゅうい》師《し》より先に話をする、いわば病院の顔になるので、愛玩動物看護師の印象はとても大切です。

飼《か》い主からどんな理由で病院に来たのかを聞き、はじめて受診《じゅしん》するなら、現在の心身の状態や病歴などの質問事項《じこう》に記入する問診《もんしん》表を書いてもらい、再診《さいしん》の場合はその患者《かんじゃ》さん

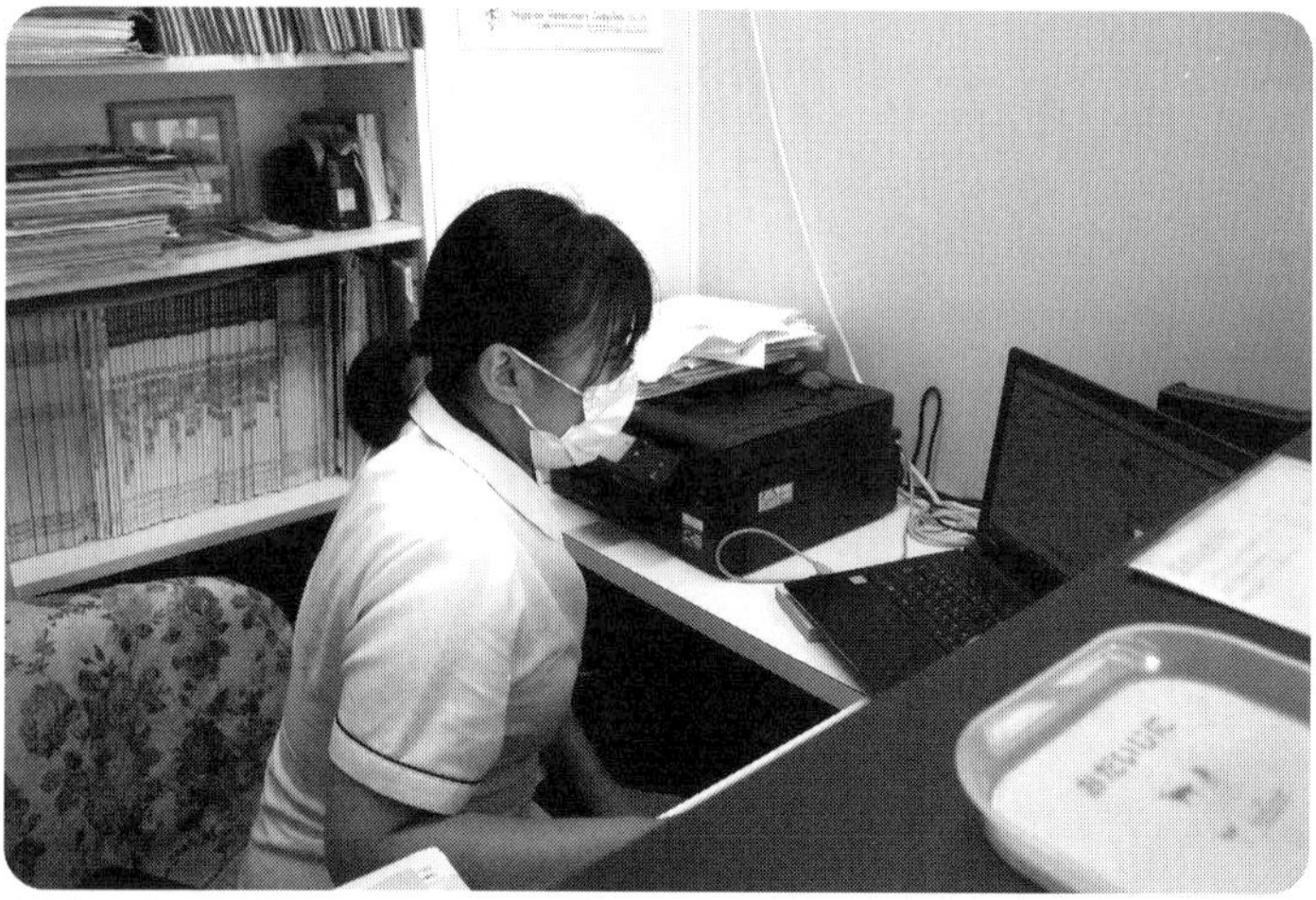

診察室での業務はもちろん、受付業務も担う鈴木さん

のカルテを用意しておきます。

患者《かんじゃ》さんが診察《しんさつ》室に入る前に診察《しんさつ》台を消毒し、検便や血液検査が必要なら、検査機器を立ち上げて必要なものを用意し、すぐに検査ができるようにします。犬や猫《ねこ》の処置に手が

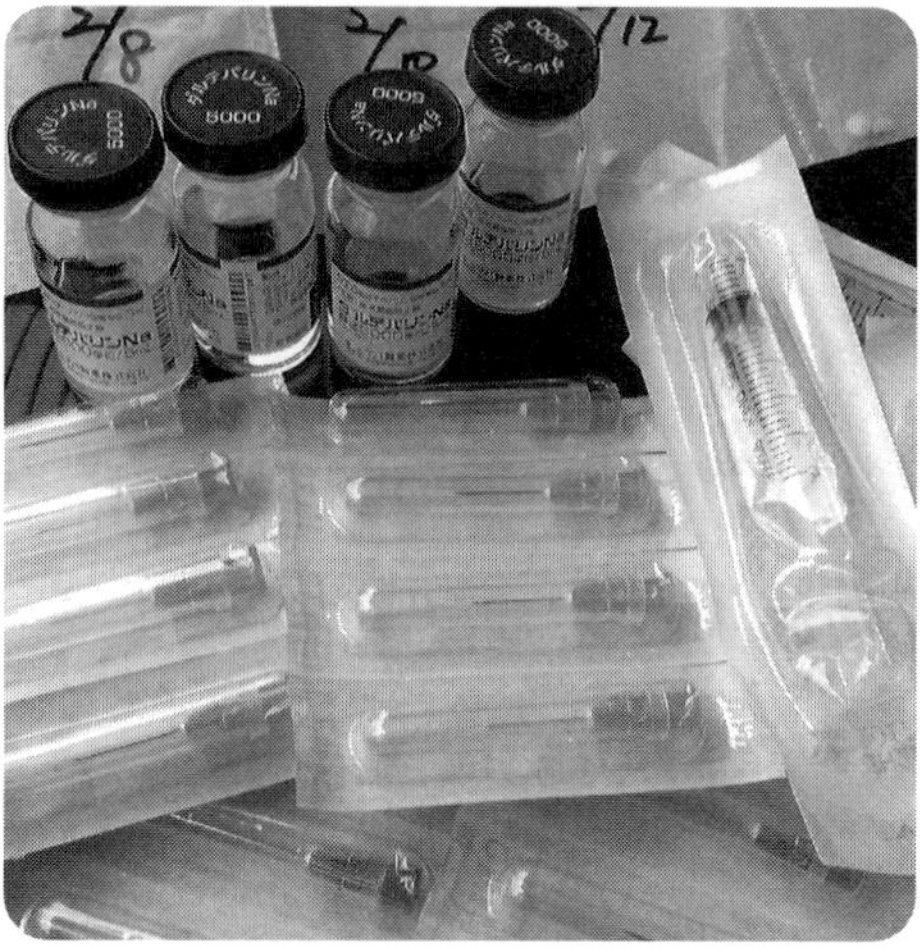

薬などの用意も

必要なら、鈴木さんも診察《しんさつ》室に入って動物を保定（動物が動かないように押《お》さえておくこと）し、処置のサポートに回ります。

診察《しんさつ》時間は、午前中は12時までと夕方16時から19時まで。手術は午後に行います。診察《しんさつ》の合間に、器具の消毒や道具の整理、薬の在庫を確認して不足分を発注したり、ワクチン接種のダイレクトメールの発送などをこなし、患者《かんじゃ》さんに限って受けつけているトリミングの日程調整や確認も、鈴木さんが受けもっています。

ときどき残業もしなくてはなりません。さかい動物病院で緊急《きんきゅう》性がある手術というと、子宮蓄膿症《ちくのうしょう》や異物誤飲、横隔膜《おうかくまく》ヘルニアが主なものだそうです。子宮蓄膿症《ちくのうしょう》は細菌《さいきん》に感染したりして子宮に膿《うみ》がたまってしまう病気で、命にかかわる病気ですし、犬が有害なチョコ

レートや玉ねぎなどの食品のほか、リチウム電池やクリップなどの異物を飲んだ時も、すぐ処置をしないと危険な場合があります。午後の診察《しんさつ》が終わってから手術をすることもあり、当然ですが、緊急《きんきゅう》な場合は時間に関係なく対応します。さらに人手が必要な時は、院長が友人の獣医師《じゅういし》にサポートを頼《たの》むこともあります。

地域のホームドクターとして

動物の看護師として13年目を迎《むか》えた鈴木さんですが、緊急《きんきゅう》処置にはいまだに慣れないと言います。

「血中の酸素濃度《のうど》が低くなって、舌やくちびるが青紫色になってしまうチアノーゼ状態だと、酸素を吸入させせないといけないので、私が酸素ボンベを用意するのですが、気持ちだ

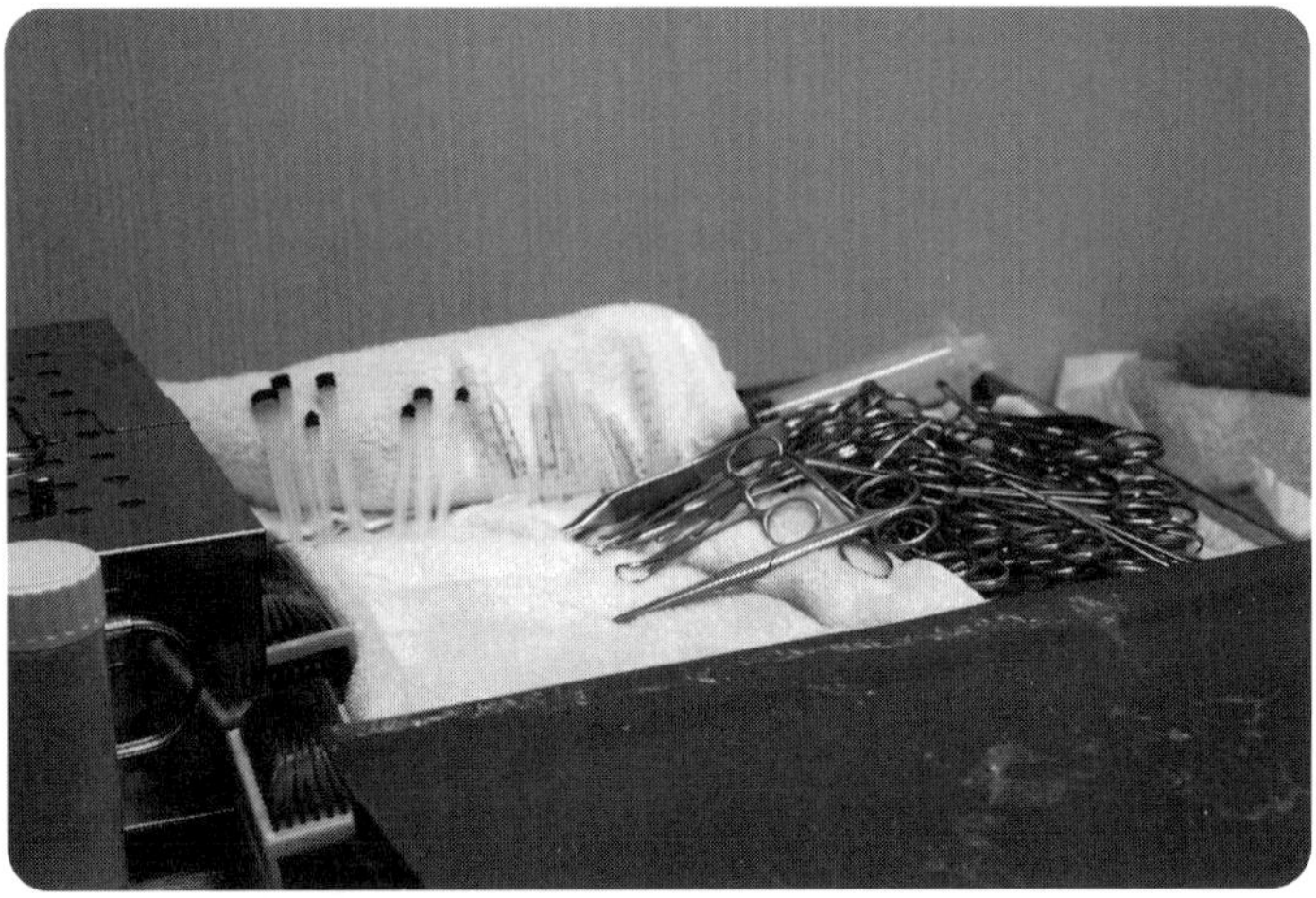

緊急時にも即座に対応できるよう器具を消毒

けが急《せ》く感じです。心臓マッサージをしなくてはいけない状態の時も緊張《きんちょう》します。

つらいのは、飼《か》い主さんが連れてこられて、すぐ亡くなってしまった時。特に若い子が亡くなっていくのがつらいです。飼《か》い主さんは、その亡くなった子を連れて帰らなくてはいけないので、その気持ちを思うと……」

それでも、ペットを亡くした飼《か》い主から、感謝をつづった手紙が届くことがあり、それがいちばんうれしかったと言いました。そして一頭亡くしてしまったけれど、その後またつぎの一頭を飼《か》い、再びこの病院を選んで来てくれた時も、ありがたいと思ったそうです。

さかい動物病院をかかりつけにしている飼《か》い主に、話を聞く機会がありました。酒井院長と鈴木さんの二人だけの病院ですが、二人《ににん》三脚《さんきゃく》でやっている院内の雰囲気《ふんいき》もよく、安心感があること、ホームドクターとして地域にねざし、酒井院長が飼《か》い主の経済的な負担も気にしながら治療《ちりょう》方法を考えてくれること、必要ならきちんと二次診療《しんりょう》の病院を紹介《しょうかい》してくれること、鈴木さんが待合室や診察《しんさつ》室にいる飼《か》い主や動物たちが居心地よくいられるように、常に心を配っていることが伝わることなど、かかりつけの一次診療《しんりょう》の病院として、とても信頼《しんらい》していると語っていました。

ある時、その飼《か》い主《ぬし》の飼《か》い犬が、口からの出血で待合室の床《ゆか》を汚《よご》してしまったことがあるそうです。鈴木さんは受付の奥《おく》からすぐに出てきて、「だいじょうぶですよ、よくあることですから」と言いながら、サッと拭《ふ》き取り、消毒してくれました。

また飼《か》い犬が亡くなった報告をすると、翌日には病院からお悔《く》やみのお花が届いたそうです。歴代のペットはここで診察《しんさつ》してもらってきたし、つぎに飼《か》ってもやはりここをかかりつけにしたいと言っていました。

ほかの認定動物看護師同様、鈴木さんもこれまでは民間団体の認定資格をもった認定動物看護師でしたが、２０２３年に愛玩動物看護師の一期生として、国家資格を取得しました。

これまでと変わらずに

２章でくわしく説明しますが、愛玩動物看護師が国家資格になったことで、これまでは獣医師《じゅういし》しか行えなかった医療行為《いりょうこうい》が、獣医師《じゅういし》の指示の下で行えるようになりました。それが、病気の診断《しんだん》のために血液を採ったり、細い管を使っておしっこを採ったり、薬を注射したり飲ませたり、マイクロチップ（動物の個体識別をする小さな電子器具）をペットの皮下に差し込《こ》んだりすることです。一般《いっぱん》の解説文には「採血」「カテーテルによる採尿《さいにょう》」「投薬」「マイクロチップの挿入《そうにゅう》」と書かれている、これらの行為《こうい》を愛玩動物看護師はできるようになりました。

愛玩動物看護師になった鈴木さんも、もちろん酒井院長が指示をすれば、これらの医療《いりょう》行為《こうい》をすることはできます。ただ酒井院長がすれば、素早く確実に行えることなので、日《ひ》頃《ごろ》の診療《しんりょう》中に鈴木さんが獣医師《じゅういし》に代わって行うことは、ほぼないそうです。

鈴木さんはこれまで通り、自分がするべきことを、ミスなくしようと心しています。伝えるべきことが正確に伝わるように、飼《か》い主とのコミュニケーションや言葉づかいには常に注意を払い、「今でも敬語の勉強をしています」と笑いました。

また、愛玩動物看護師は獣医師《じゅういし》とは違《ちが》う視点をもっていると考えています。保定した時に、獣医師《じゅういし》が気付かないことにも気がつくこともあると思っているので、観察力を養い、

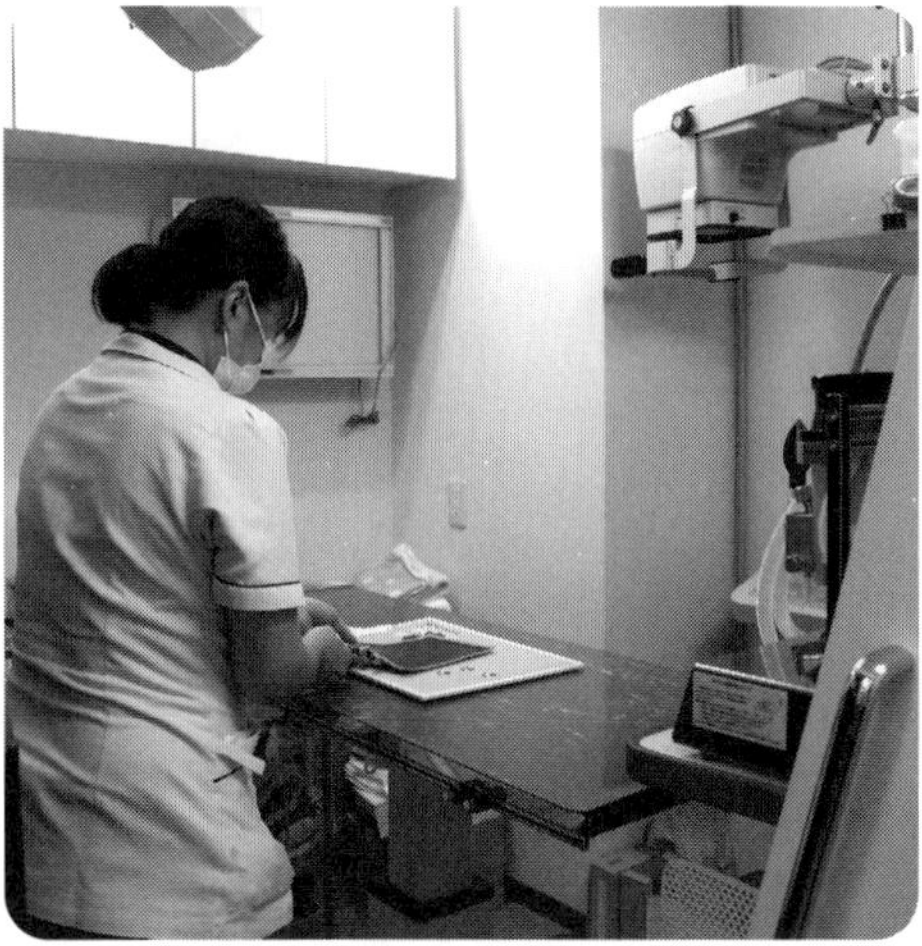

手術の時に使うヒーターと電気メスの電極を準備する

先生が見ているところと違《ちが》うところもチェックする、これは鈴木さんが日々心がけていることのひとつだそうです。

鈴木さんの同期生は、動物看護師を辞めてしまった人が多いといいます。結婚《けっこん》を機に辞めて育児に専念し、再就職も考えていないという人もいます。ハードな仕事内容と収入が見合わないケースがその引き金となったり、「先輩《せんぱい》看護師さんがいると、人間関係が難しいみたいです」と言う鈴木さん。

鈴木さんにとって酒井院長は「家族以上に長くいっしょにいるので、お父さんのようでもあり、同志という感じもする」そうで、「人間関係で困ることはありませんし、院長はいろいろなことをていねいに教えてくれます。私にとって理想的な職場です。ここでずっと仕事をしていきます」と結びました。

ドキュメント 2

一・五次診療の病院で専門外来にもかかわる

チーム医療をたばねて 地域や社会への貢献も

夕《ゆう》やけの丘《おか》動《どう》物《ぶつ》病《びょう》院《いん》
圓《まる》尾《お》文《ふ》子《こ》さん

取材先提供

圓尾さんの歩んだ道のり

１９８５年大阪府《おおさかふ》で生まれ茨城《いばらき》県水戸《みと》市で育つ。高校卒業後、ヤマザキ動物専門学校に進学。夕やけの丘動物病院に就職して約6年間勤務。地元茨城県に戻《もど》り動物病院ハートランドで看護師長として約6年間勤務し、夕やけの丘動物病院に看護師長として再就職。保護犬のこぐま（10歳《さい》）と暮《く》らし、ときどきいっしょに出勤。災害支援《しえん》動物危機管理士®の資格も取得した。

一・五次診療《しんりょう》の病院

圓尾文子さんが勤めている夕やけの丘動物病院は、神奈川《かながわ》県横浜《よこはま》市青葉《あおば》区にある動物病院です。大通りに面し、となりにコンビニエンスストアと大きな駐車場《ちゅうしゃじょう》がある恵《めぐ》まれた立地にあります。

病気の予防や健康の維持《いじ》に力を注ぐ地域のホームドクターとして開院して23年、院内にはトリミングサロンも併設《へいせつ》。獣医師《じゅういし》は院長の渡辺英一郎《わたなべえいいちろう》さんを含《ふく》めて十数名、愛玩動物看護師もやはり看護師長の圓尾さんを含《ふく》めて十数名、そのほか画像診断《しんだん》のスペシャリストや、動物診療《しんりょう》助手も数名勤務しています。

一般診療《いっぱんしんりょう》のほか整形外科、腫瘍《しゅよう》科、眼科の専門外来も開設しており、2019年には分院のあざみ野《の》どうぶつ医療《いりょう》センターを開設しました。夕やけの丘動物病院のように、一次診療《しんりょう》を行いながら専門分野の治療《ちりょう》も行い、二次診療《しんりょう》の病院とも連携《れんけい》している病院は、一・五次診療《しんりょう》の病院と呼ばれています。

さて、動物関係の仕事に就いているほとんどの人が、「幼いころから動物が大好き」と言います。圓尾さんの場合もまさにそうでした。小学校4年生の時に、念願だった犬を飼《か》うことができ、動物にかかわる仕事がしたいと思うようになりました。

犬猫《いぬねこ》の保護活動や動物介在《かいざい》活動にも興味をもつようになり、病気を治す獣医師《じゅういし》以外のかかわり方を調べているうちに、「動物の看護師」という職業があることを知ったのです。そこで高校を卒業後、ヤマザキ動物専門学校に進学、3年間動物看護やグルーミング、ドッグトレーニングを学びました。

圓尾さんがはじめて夕やけの丘動物病院に行ったのは、専門学校に来た求人募集《ぼしゅう》の告知とホームページを見たからでした。現在とは違《ちが》うホームページでしたが、ロゴが可愛くて、とてもいい印象だったのです。そこで就職活動も兼《か》ねて自分で連絡《れんらく》し、インターン実習に行きました。実習には地元である茨城県や東《とう》京都《きょうと》、神奈川県でも何軒《なんけん》か行ったのですが、夕やけの丘動物病院での実習が強く印象に残りました。

同じ病院に二度目の就職

まず、夕やけの丘動物病院では、診察《しんさつ》の様子を見学させてもらうことができました。ほかの病院では、診察《しんさつ》中は扉《とびら》が閉められていたり、外で待つように言われることが多かったのですが、夕やけの丘動物病院は見学だけでなく、診察《しんさつ》の手伝いもさせてくれました。

もっとも驚《おどろ》いたのは診察《しんさつ》のていねいさでした。当時、獣医師《じゅういし》は院長と代診《だいしん》の獣医師《じゅういし》しかいなかったのですが、飼《か》い主の話をじっくり聞くところから始まり、検査して、その後の処置をして、すべて飼《か》い主に見てもらいながら、ていねいにやっているのを目の当たりにして、圓尾さんは「自分の犬を今すぐここで診《み》てほしい」と思いました。

そう思えたのは、夕やけの丘動物病院だけだったそうです。ずっと動物を飼《か》ってきたので、自分の犬をここで診《み》てほしいと思えることは、とても大きなポイントでした。圓尾さんは心から「ここで働きたい」と思いました。

こうして夕やけの丘動物病院への就職を希望し、病院が開設して6年目の年に入社しました。動物病院としていちばん大切にしているのは、やろうと思えば高度な治療《ちりょう》方法はいくらでもあるかもしれないけれど、高度医療《いりょう》かどうかにかかわらず、その家族とペットにベストな治療《ちりょう》を選んで、支えていこうという姿勢です。なぜなら、家族にとって世界でたった一頭のかけがえのない存在だからです。

そんな職場で圓尾さんは、動物の看護師として経験を積んでいきました。夕やけの丘動物病院に6年間勤めたのち、茨城県の地元(実家)である動物病院ハートランドで、看護師長として約6年間務めることになります。単身赴任《ふにん》をしていた父が実家に戻《もど》ってくるということもあり、圓尾さんも環境《かんきょう》を変えて、仕事をしてみようと考え、実家に戻《もど》ったからです。

ここでも圓尾さんは、貴重な経験をしました。都市部と地方では、症例《しょうれい》にも特色が出ます。当時の茨城は横浜に比べると、避妊《ひにん》去勢率や予防率が低めで、横浜ではあまり見なかったフィラリアやノミ・マダニ、消化管内寄生虫の検出が多かったといいます。また、外飼《が》いの猫《ねこ》の交通事故による骨折もよくありました。

保護した野良猫《ねこ》の不妊《ふにん》手術の協力を積極的に行っていたため、圓尾さんは荒っぽい猫《ねこ》の保定が、さらに上達したと思っているそうです。整形を中心に外科を得意とする院長だったため、一から経験した処置も多かったといいます。

そんな日々を送りながらも、夕やけの丘動物病院との縁《えん》は切れることなく、ハートランドに勤めていた時も、院長とマネージャーとはずっと連絡《れんらく》を取り合っていました。

その後、夕やけの丘動物病院が移転してス

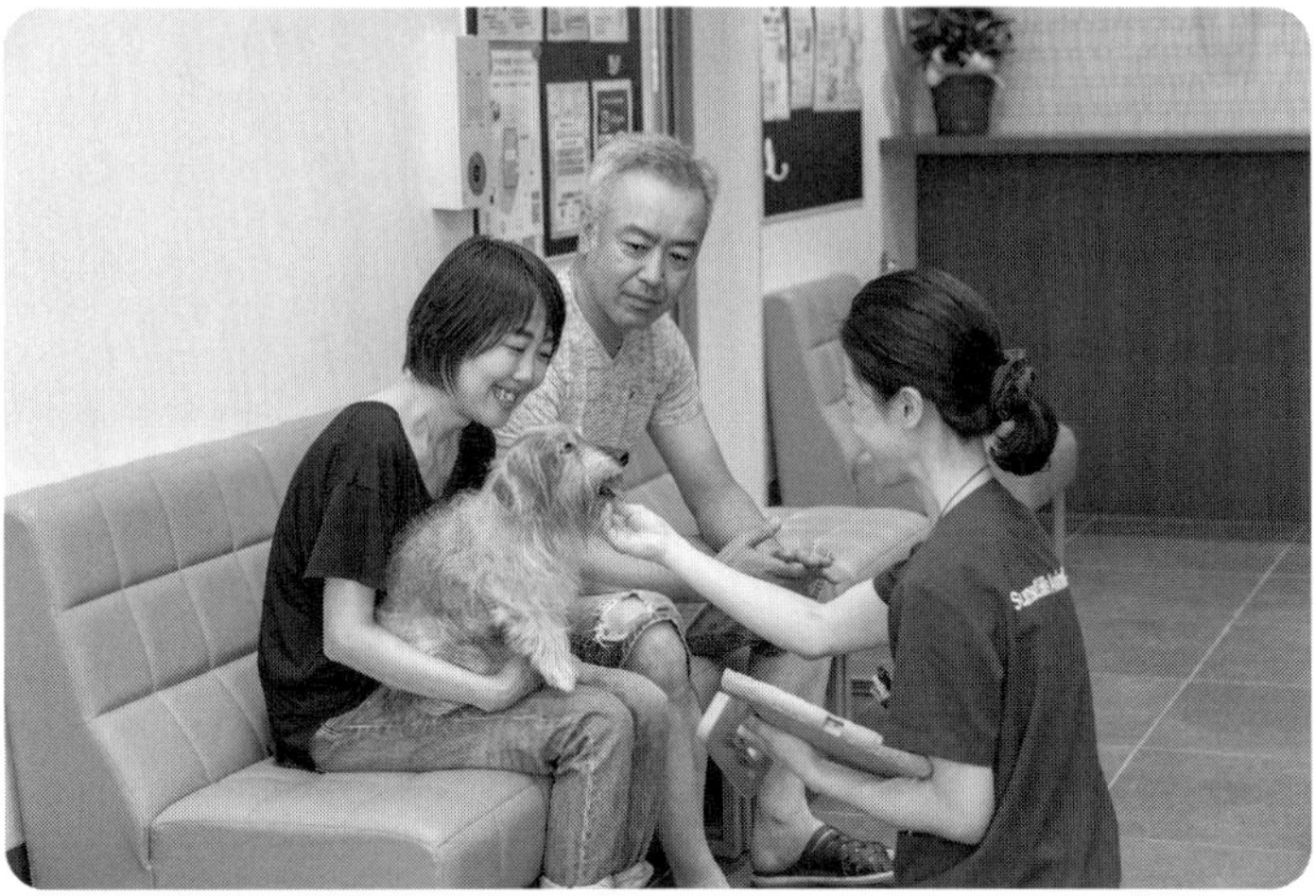

訪れた飼い主とも顔なじみの圓尾さん（右）　取材先提供

タッフも増え、あざみ野に分院を開設することになったタイミングで、圓尾さんに「戻《もど》ってこないか」と声がかかったのです。それに応えて、夕やけの丘動物病院に再就職することになったのです。

お別れを決めるまで

それから5年目を迎《むか》え、看護師長としての責任を果たす毎日です。受付での電話対応や会計、予約の管理、院内の掃除《そうじ》や洗濯《せんたく》、診療《しんりょう》器具の整理や物品・薬の在庫管理などは、ほかの動物病院でも動物看護師の仕事のうちですが、圓尾さんは治療《ちりょう》の現場の責任者として監督《かんとく》、司令塔《しれいとう》的な役割を担っています。

さらにはシフトやスケジュールの管理、スタッフ教育、ホームページやSNS（ソーシャルネットワーキングサービス）による広報活動、病院運営にかかわるチーム活動の管理など、動物の治療《ちりょう》以外に任されている職務の多さには驚《おどろ》かされますが、てきぱきとこなす様子には頼《たの》もしさを感じました。

今はスタッフをたばねる圓尾さんですが、駆《か》け出しのころに心に残るできごとがありました。仕事としていちばん印象に残っている、そのことをつぎのように話してくれました。

「安楽死は何件か経験があるのですが、印象に残っている二つのうちのひとつをお話ししますね。リンパ腫《しゅ》で抗《こう》がん剤《ざい》を使う治療《ちりょう》をしていたフレンチ・ブルドッグを、私が担当していた時のことです。

嫌なことに対しては怒《おこ》りん坊《ぼう》で、点滴《てんてき》をするために留置針(血管内に固定しておく針)を入れるのも大変でした。点滴《てんてき》で抗《こう》がん剤《ざい》をゆっくり入れていくあいだ、ずっと私が保定していたのですが、おつきあいが長かった分、だんだんとその子の性格がわかるようになっていました。怒《おこ》りん坊《ぼう》なんだけれど、何が気に食わないのか、少しわかるようになってくると、その子も少し慣れてくれて、何となく通じ合ってきたような気がしました。

ただ、抗《こう》がん剤《ざい》の反応がだんだん悪くなってきて、とうとう、これ以上は抗《こう》がん剤《ざい》の効果が認められないという段階になりました。この先苦しい思いをするよりは安らかな最期を、ということで、お別れすることが決まったのです。

安楽死の処置は、今はできるだけおうちでしています。いつもその子がいた居心地のいい場所で、処置をするようにしているのですが、フレンチ・ブルドッグのその子は、病院の近くから遠方に引っ越《こ》してしまっていて、そんな事情があったため、病院で処置することになりました」

心に刻まれた交流

「最後に薬を注射する時も、私が留置針を入れる保定をさせてもらいました。すると、いつもは怒るような場面なのに、首をもたげて、すごく不安そうな顔で私を見上げたんです。薬を入れる直前に、すごく不安そうな顔で。

だから私は、〝こわくないよ〟という気持ちを目で一生懸命《いっしょうけんめい》伝え、こらえきれずに『だいじょうぶだよ』って声をかけたら、多分言葉が伝わったんだと思うのですが、すうっと表情が和らいだんです。すごく安心したような表情になって、最期はご家族に囲まれて旅立ったのですが、動物と通じ合えたと思えた瞬間《しゅんかん》でした。自分の犬にも感じたことのない特別な心の交流とでもいうのでしょうか。その子だけですね、そういう経験は。

お見送りをする時に、飼《か》い主さんが私のところに来てくださって、『あなたがいたから、私もがんばれたわ』と言ってくださいました。動物だけじゃなくて、飼《か》い主さんの支えにもなれたんだなと思えたことが……」

そう言って、圓尾さんは言葉をつまらせました。いまだに話すと泣いてしまうので、このことは気心が知れた仲になったスタッフにしか話さないエピソードなのだそうです。

「その子のことを真剣《しんけん》に考えて寄り添《そ》えば、気持ちはちゃんと通じるということ。そして動物だけではなく、動物の後ろにはご家族がいるということ、その子からほんとうにたくさんのことを学ばせてもらいました。動物もご家族も丸ごと支えていきたいと、心から思いました。だから、忘れられない子なんです」

動物は、言葉はもっていませんが、いろいろなサインを出してきます。経験を積めば積むほど、表情やちょっとしたしぐさから、動物がどうしたいか、したくないかが読み取れるようになります。

愛玩動物看護師としてのやりがいや喜びは、そんなところにもあるといいます。怒《おこ》りっぽかったり、こわがりだったり、逆にテンションが高く、いつも活発な感じだったり、患者《かんじゃ》にはいろいろな性格の犬や猫《ねこ》がいます。そんな動物たちに向き合いながら、診察《しんさつ》をしたり治療《ちりょう》をする中で、保定の指名をもらったり、飼《か》い主に「顔を見ると安心する」と言われることはうれしく、はげみになることなのです。

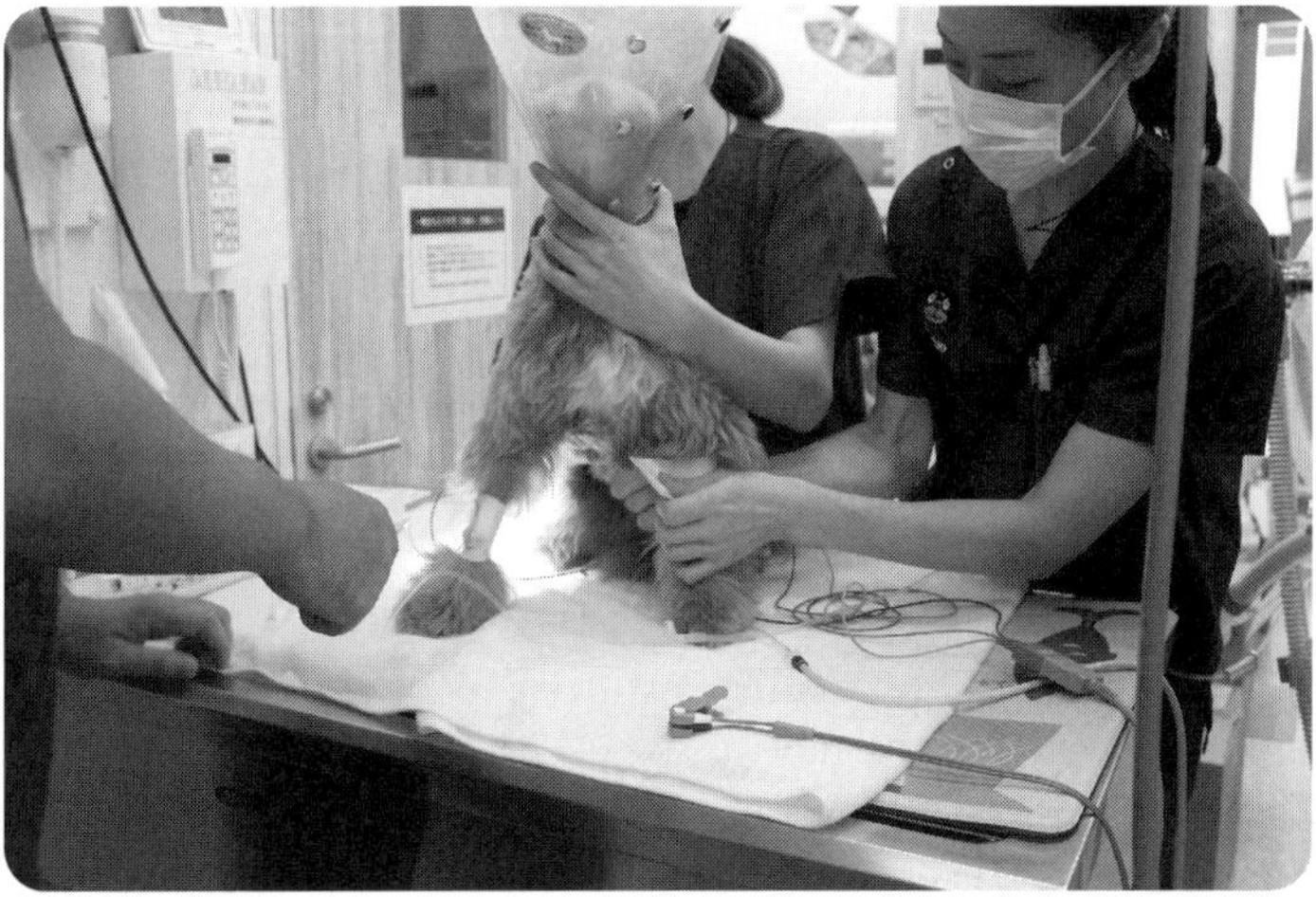
同僚といっしょに患者に生体モニターを装着

チーム医療《いりょう》の魅力《みりょく》

また、スタッフが多いからこその感想として、圓尾さんがやりがいとしてあげたのが、チームワークや信頼《しんらい》を感じられる仲間がいることや、スタッフの成長を応援《おうえん》できることでした。夕やけの丘動物病院では獣医師《じゅういし》、愛玩動物看護師、トリマー、受付それぞれを尊重し合い、職種の垣根《かきね》がないことが強みだそうです。年齢《ねんれい》層やライフスタイルもさまざまですが、スタッフの仲がいいことが、風通しをよくしています。仕事中は、常にインカムをつけて連絡《れんらく》し合っています。月に一度、半日休診《きゅうしん》にして、課題に対して、全員で意見交換《こうかん》を行う場も設けています。

圓尾さんにお話を聞きに行った日は、午後に犬の去勢手術があるということで、見学させてもらいました。犬はトイプードルとペキニーズのミックスで1歳《さい》ちょっと前ほど。手術は獣医師《じゅういし》と愛玩動物看護師がペアで行います。この日は獣医師《じゅういし》の髙澤誠吾《たかさわせいご》さんと、圓尾さんの後輩《こうはい》の倉田英美《くらたえみ》さんが手術に当たり、後輩《こうはい》のために圓尾さんがサポートに入りました。

夕やけの丘動物病院では、ホームページにも書いてあるように、手術のさいの麻酔《ますい》の使い方に信念をもっていて、手術前の検査や準備に時間をかけて、安全性を高めています。圓尾さんも検査機器のモニターを真剣《しんけん》なまなざしでチェックしていました。手術は順調に終わりましたが、犬は念のため1泊《ぱく》入院します。

また、この日は19歳《さい》で亡くなった猫《ねこ》を、エンゼルケア（72ページ参照）のために預かっ

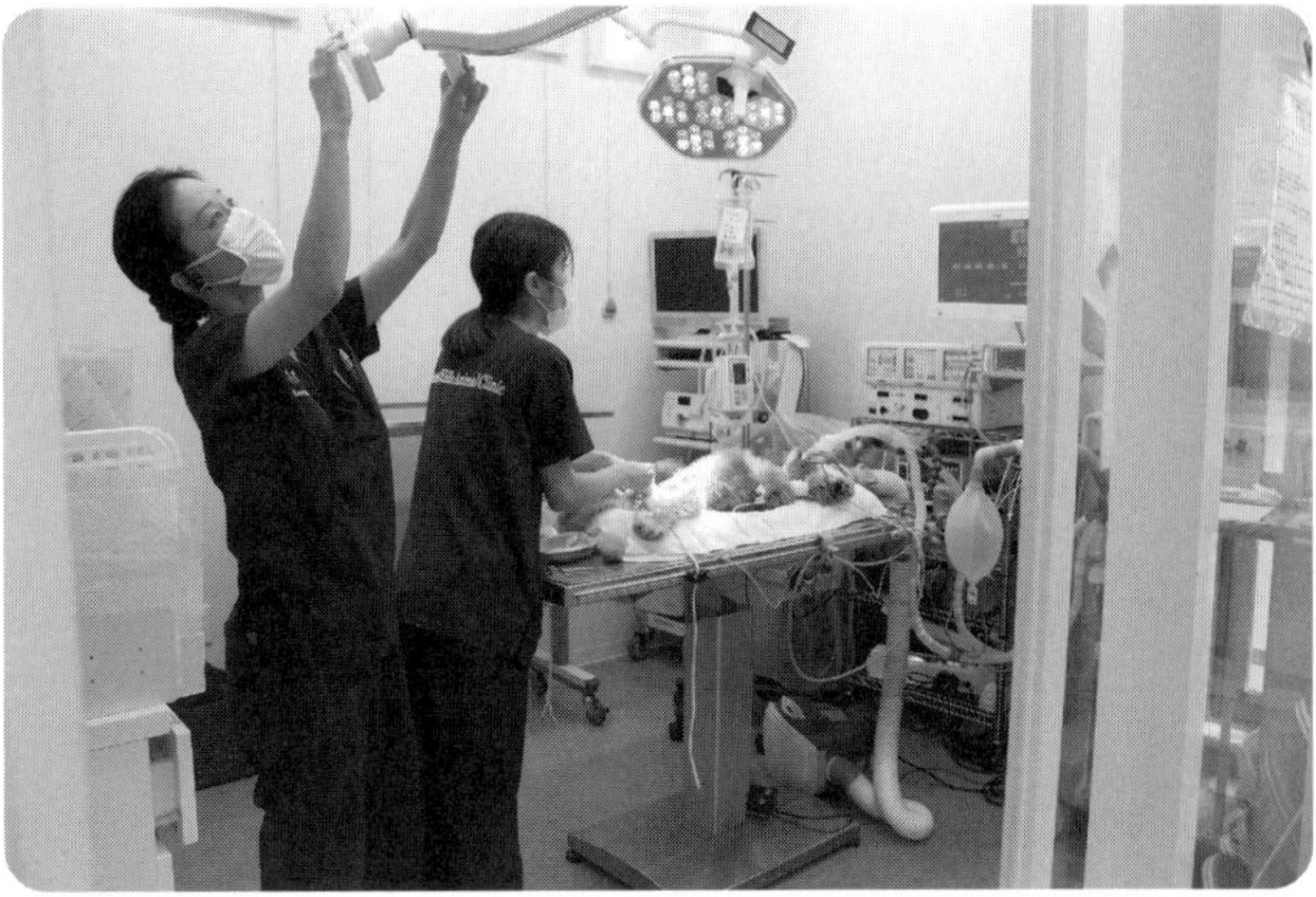

チームで動くことで短時間の処置となり患者の負担も軽減

ていました。その猫《ねこ》は糖尿病《とうにょう》のほか、いろいろと病気をかかえ、何度か入退院をくり返していました。そのたびに「もうだめかも」と言われながら、自宅に帰ると元気になるなど、神秘の生命力を見せていた猫《ねこ》でした。主治医の高澤獣医師《じゅういし》は「この子は、自分の最期は自分で決めるよ」と言っていましたが、その日が来たのでした。

院内にいたスタッフ全員がその死を悼《いた》みながら、天寿《てんじゅ》をまっとうしたことに敬意を払いつつ、お別れをしました。

地域や社会への貢献《こうけん》

より健康的な生活をするために手術する犬もいれば、お別れの処置をする猫《ねこ》もいて、人の病院同様、動物病院も生と死が行きかう現場です。そこで働く愛玩動物看護師は、国家資格となり、社会的な地位も上がることが期待されています。そのためにも今後、どのような心構えが必要かを、後輩《こうはい》を指導する立場の圓尾さんに聞いてみました。

すると、まずは臨床《りんしょう》現場で多くの動物たちとふれあい、治療《ちりょう》や処置の現場を何度もくり返し経験することが大切だと言いました。また、飼《か》い主ともたくさん話をすることで、求められることや、より必要となる知識は何かを学びとることができるとも。さらに、視野を広げるために外部セミナーに参加したり、他病院の愛玩動物看護師とつながる場に参加することも、勧《すす》めていました。

圓尾さん自身、愛玩動物看護師としての専門知識やネットワークを生かして、地域や社会に貢献《こうけん》したいと思うようになりました。そこで注目したのが、動物災害危機管理です。

自然災害が多い日本《にほん》では、ペットの同行避難《ひなん》や動物の被災《ひさい》に対して、東日本大震災《ひがしにほんだいしんさい》の教訓を活かした対策や支援《しえん》活動が必要となります。

圓尾さんは２０２３年10月から、千葉科学《ちばかがく》大学の動物危機管理教育研究センターで、特別な災害支援《しえん》プログラムを学び、災害支援《しえん》動物危機管理士®の資格を取りました。災害支《し》援《えん》動物危機管理士®は、災害が起こった直後から数日の緊迫《きんぱく》した時期に、動物を救護するための医療《いりょう》を支援《しえん》できるよう、災害時に必要な基本的なトレーニングを受けた人をさし、圓尾さんはこの資格を取ったことから、日本初の動物医療《いりょう》にたずさわる人たちによる災害支援《しえん》チーム「動物支援《しえん》ナース」（１０２ページ参照）のメンバーになりました。

動物支援《しえん》ナースは、地域で同じ考えをもっているメンバーが、防災訓練や地域の人たち

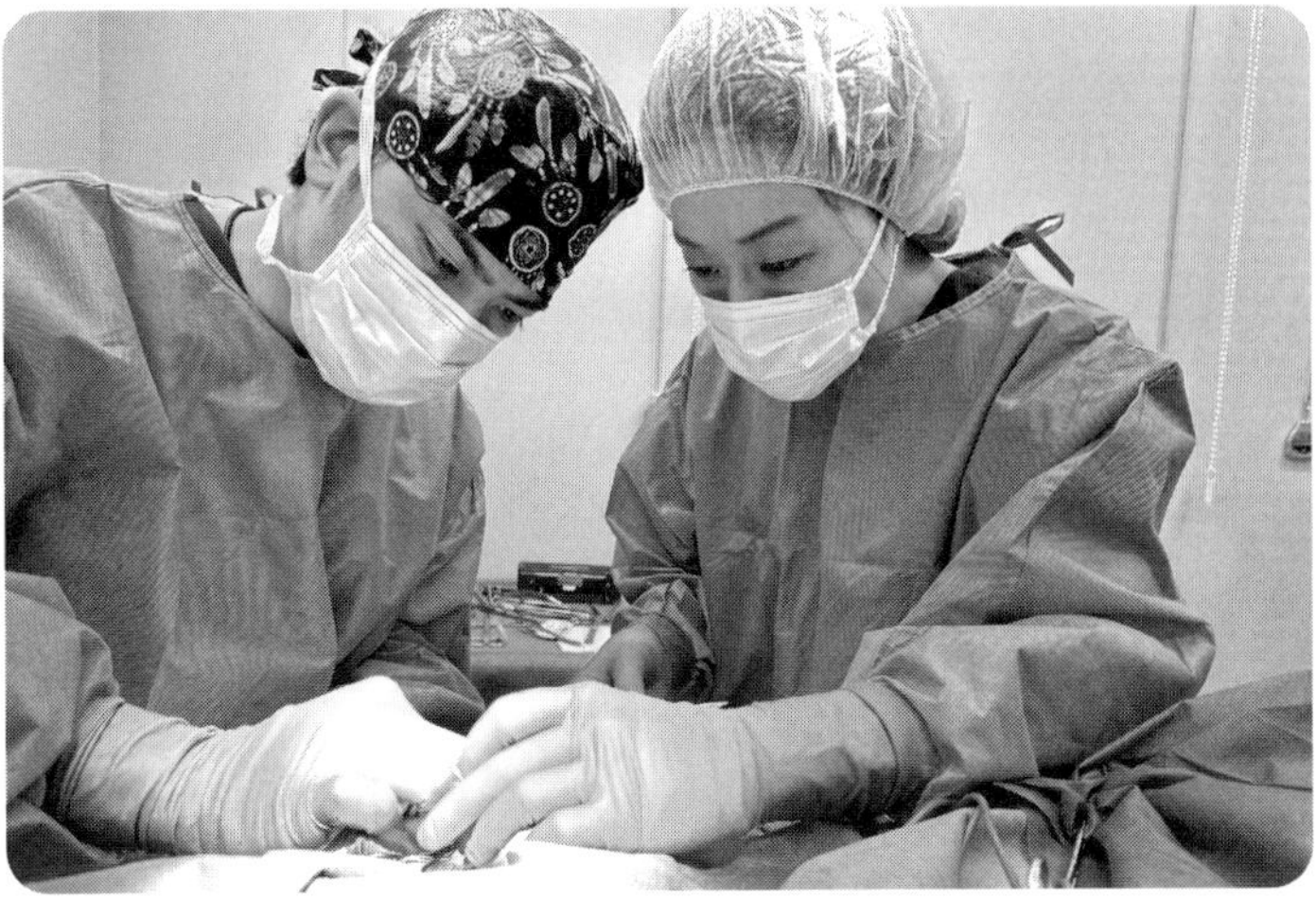

手術助手として獣医師をサポート　取材先提供

に向けて、防災のアドバイスなども実施《じっし》しています。圓尾さんは出前授業などで、防災の知識とともに愛玩動物看護師の目線で、安全に動物と避難《ひなん》する方法や、人獣共通感染症《じんじゅうきょうつうかんせんしょう》(動物から人、人から動物に感染する病気)を広げないようにする方法などを話す機会があれば、やってみたいと考えています。

愛玩動物看護師の国家資格を取るために、働きながら試験勉強をするのは大変でしたが、基礎《きそ》に立ち返るよい機会になったと圓尾さんは言いました。そして「今でも毎日が勉強、新しい学びがある」という気持ちを忘れずに、動物の医療《いりょう》にたずさわっていきたいと思っているそうです。

ドキュメント 3 総合動物病院でスキルアップをめざす

高度医療機器がそろう 多忙な現場で

新座《にいざ》動物《どうぶつ》総合《そうごう》医療《いりょう》センター
田崎《たさき》圭悟《けいご》さん

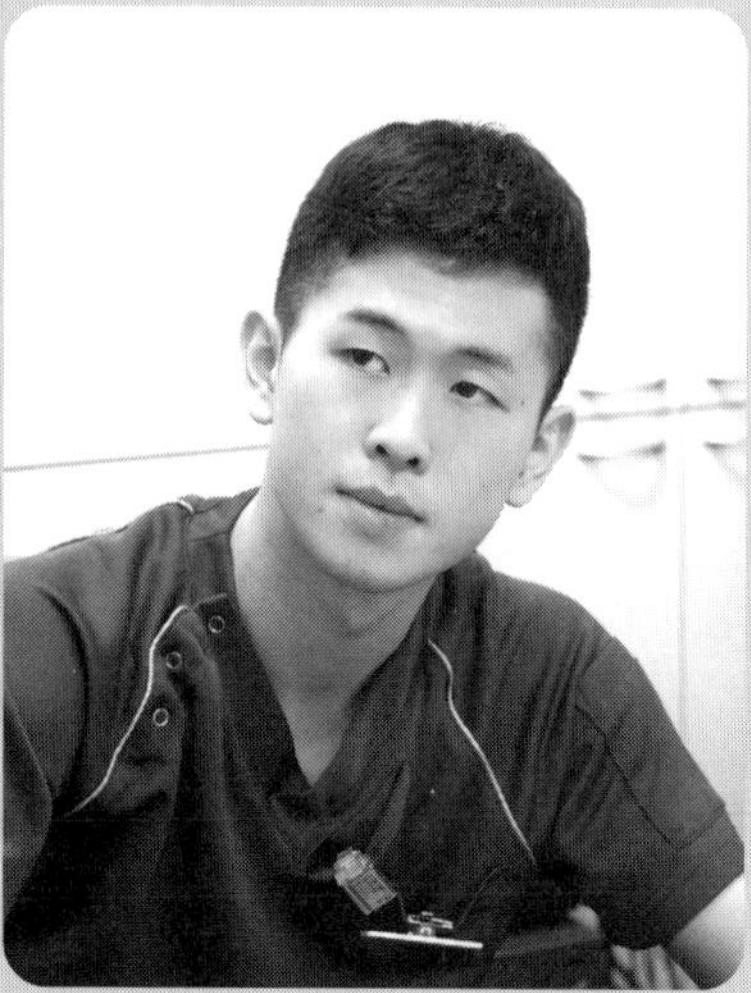

取材先提供（以下同）

田崎さんの歩んだ道のり

2000年東京都板橋《いたばし》区で生まれ育つ。スポーツが好きで高校時代は陸上部だった。スポーツで大学に進学することを考えていたが、進路変更《へんこう》。高校卒業後、動物の看護師をめざして中央動物《ちゅうおうどうぶつ》専門学校に入学。卒業後、一次診療《しんりょう》の動物病院で実習を受け、2021年に新座動物総合医療センターに就職した。

経験と実践《じっせん》を原動力に

田崎圭悟さんが勤める埼玉《さいたま》県新座市の新座動物総合医療センターは、関東で五つ（2024年現在）の動物医療《いりょう》センターを展開するAGMC（動物総合医療《いりょう》センター）グループの一センターです。

診療《しんりょう》科は、内科、外科、整形外科、循環器《じゅんかんき》科、腫瘍《しゅよう》科などの専門分野に分かれ、より正確に診断《しんだん》を行うためのCTや内視鏡装置《そうち》などの検査機器をはじめ、手術用顕微鏡《けんびきょう》、動物用超音波《ちょうおんぱ》手術器、外科手術用のエネルギーデバイスなどの手術装置《そうち》がそろっています。

犬猫《いぬねこ》だけでなく、ウサギ、フェレット、ハムスター、ハリネズミ、小鳥などのエキゾチックアニマルも対象とし、ワクチン接種や健康診断《しんだん》などの予防医療《いりょう》から高度医療《いりょう》まで、幅《はば》広《ひろ》く診断《しんだん》・治療《ちりょう》を行っている動物総合病院です。セカンドオピニオンにもいつでも対応しています。

田崎さんが動物の看護師をめざしたきっかけは、母の実家で飼《か》っていたラブラドール・レトリバーの世話をしたことからでした。犬が高齢《こうれい》になり、散歩やごはんに工夫が必要となりました。母の実家は離《はな》れた場所にあったので、田崎さんが犬を動物病院に連れて行くことはありませんでしたが、家から階段を下りて外に出るのを介助《かいじょ》したり、歩行機能が落ちないようにするには、どうすればいいかを考えたり、高齢《こうれい》になって食が細くなった犬に、どういうものを与《あた》えればいいかを考えるうちに、犬の健やかさが飼《か》い主の喜びにつながることを実感しました。

動物看護の勉強のために、北海道《ほっかいどう》の酪農学《らくのうがく》

園《えん》大学に行きたかったのですが、学力と準備が間に合わず断念。ＡＯ入試（現・総合型選《せん》抜《ばつ》）で中央動物専門学校に進学しました。男子学生は圧倒《あっとう》的に少なく、95人中5人しかいませんでした。当初3年制の動物看護研究科（当時）に進学したのですが、学ぶうちに実《じっ》践《せん》で経験を積み、動物看護のノウハウを身につけていくほうが自分には向いていると考え、2年制の動物看護科に転科して、卒業しました。

入院担当の一日

　1年生の時にＡＧＭＣグループのひとつ、志村坂下《しむらさかした》動物総合《どうぶつそうごう》医療《いりょう》センターで実習をした縁《えん》で、２０２１年に新座動物総合医療センターに就職することができました。ただ一次診《しん》療《りょう》の施設《しせつ》の経験も必要だということで、就職前に1週間ほど、新座動物総合医療センターより規模の小さな病院で実習させてもらいました。そして就職後、２０２３年に国家資格を取得しました。

　新座動物総合医療センターには愛玩動物看護師が30名から40名在籍《ざいせき》しています。それぞれの愛玩動物看護師の一日の仕事は、役職制度があるため、日によって変わります。役職は受付担当とオペ（手術）担当、入院担当とセンターといって愛玩動物看護師の中心となって指示する統轄《とうかつ》役の四つがあります。役職がない日はさまざまな業務、手が足りなそうな業務のサポートに回るそうです。

　田崎さんが入院担当の時の一日の流れを話してくれました。入院担当は主に二人で行います。まず朝9時から入院している犬や猫《ねこ》の体温をチェックし、体重を量り、ごはんをあげます。午前中の診察《しんさつ》が10時から始まるので、10時には必ず入院室への対応は終えるようにします。午前中の診療《しんりょう》受付は12時半で終了《しゅうりょう》しますが、診察《しんさつ》は13時まで行っています。

外来の患者《かんじゃ》を受けもった時にも、12時ごろ入院中の患者《かんじゃ》の確認やしなくてはいけない処置をするので、いったん外来から抜《ぬ》けます。そして、入院室の対応が終わりしだい、再び外来に戻《もど》って、診察《しんさつ》の手伝いなどを行います。

午後は、16時から診察《しんさつ》が始まります。自分の休憩《きゅうけい》時間が終わったら、研修があれば研修を受け、そうでなければ獣《じゅう》医師《いし》の処置の補助や午後の入院管理の準備などを行います。愛玩動物看護師が国家資格となったことで、獣医師《じゅういし》の指示の下で投薬もできるようになりましたが、ミスは許されないので確認を重ねながら投薬を

専門分野の診療科に外来、入院患者もいる総合病院が田崎さんの職場

行っています。

それが終わると、16時から外来の対応に加わります。18時をめどに入院管理に入るという内容です。

苦手なことを克服《こくふく》したい

新座動物総合医療センターでは、多い時は10頭から13頭が入院しています。高度医療《いりょう》を求めてくる病気や骨折の犬や猫《ねこ》がいるので、数が多い時は、ほかの愛玩動物看護師の手を借りることもあるそうです。

入院は長い患者《かんじゃ》で1週間から2週間という場合もあります。骨折だと自宅でケアすることができないので、どうしても入院が長くなるといいます。また内臓の病気で治りが遅《おそ》いと、やはりその分だけ入院が長引いてしまいます。実習で回った一次診療《しんりょう》の病院ではあまり大きな手術がなかったので、新座動物総合医療センターではじめて入院担当になった時には、緊張《きんちょう》したといいます。

実は田崎さんは、今でも入院担当が苦手だと打ち明けてくれました。「全体を把握《はあく》すること、いっきにすべてを把握《はあく》することが苦手なんです。一つひとつ順番にじっくりこなしていかないと、パニックになってしまう傾向《けいこう》が自分の中にあるので。入院担当は体温チェックならすべての子の体温をチェック、つぎは順々に体重を量り、その後にいっきに入院中の子のごはんをあげる、とすれば効率がいいわけですが、最初、僕《ぼく》はそれができなくて。一頭の子の体温をチェックして体重を量って、ごはんをあげて、ということをしていました。それでもいいのですが、そうするならもっと手早くしなくてはならないんですよね」

課題はわかっているようです。入院担当に限らず、役職として担当につくことは学ぶ機会を与《あた》えてもらったと考えれば、有意義なことだということも、わかってはいるのです。

やっぱり動物が好きだから

さらなる課題は、動物の様子をしっかり観察し、何を訴《うった》えているかを判断することだそうです。うまく受け取ることがまだ難しいと田崎さんは感じています。

入院担当も日によって変わるので、今はこうだけど、昨日はどうだったのか。痛そうだというけれど、どう痛そうなのか。

「退院の時はこちらもうれしいです」と田崎さん

直接動物が言葉で話してくれるなら、どれほど簡単かしれませんが、残念ながら、その担当者の言葉でしかわかりません。観察して把《は》

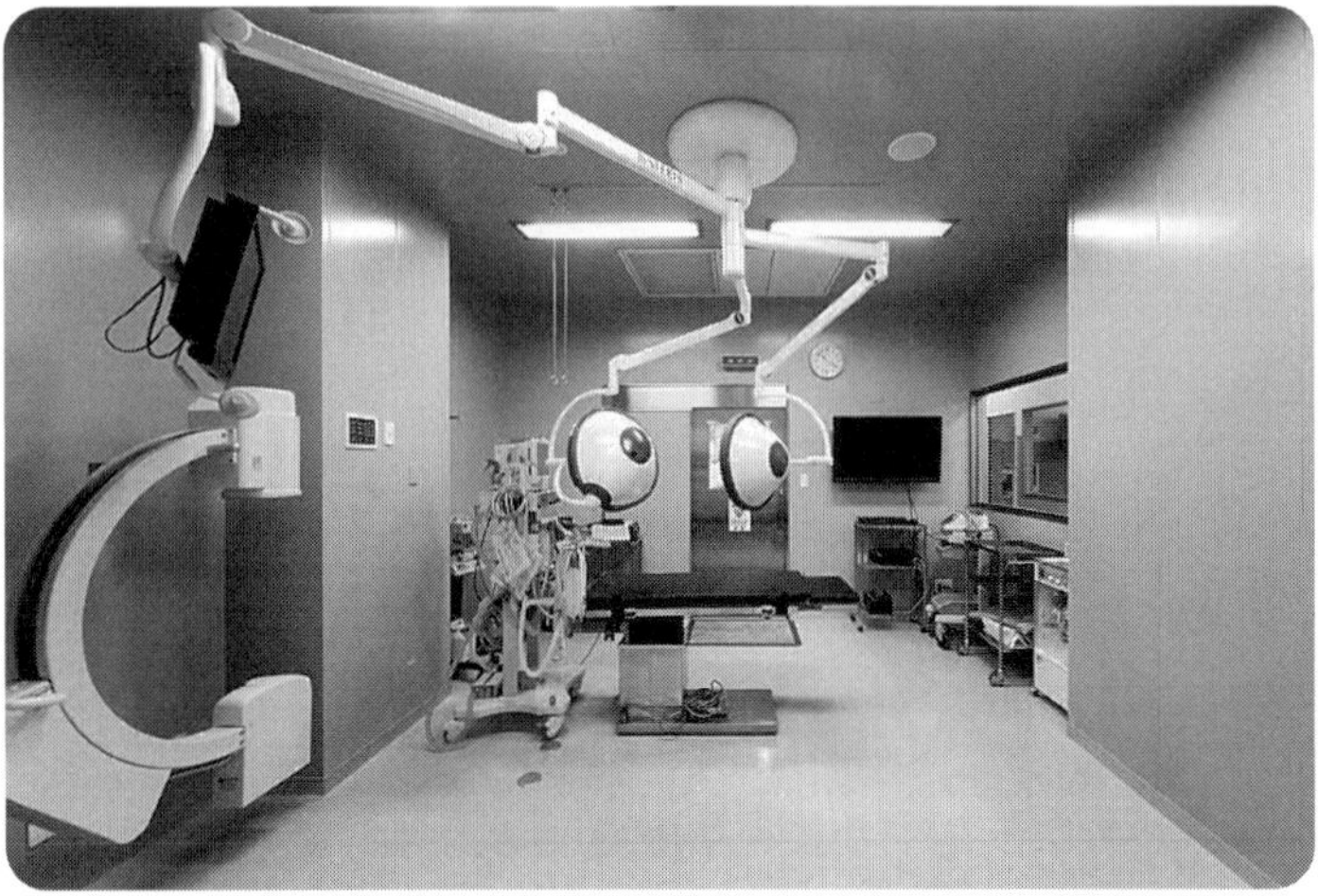

腫瘍や神経系外科手術、さらには再生医療を組み合わせた治療などが行われる

握《あく》することが大切だということはわかってい
るのですが、まだまだだと思っています。そ
の分、謙虚《けんきょ》な気持ちで、前日の担当者や様子
を把握《はあく》できている愛玩動物看護師にきちんと
聞きに行きます。
「ここはかかりつけ医でもあるし、セカンド
オピニオンも受け、さらに緊急性《きんきゅうせい》の高い疾患《しっかん》
も受けつけている動物病院なので、やらなく
てはいけないことが幅広《はばひろ》いのです。それなり
に臨機応変に対応できないと、何かあった時
に頭が真っ白になって慌《あわ》ててしまう。一点に
集中すればがんばれるのですが、いろいろな
ことが自分の中にいっきに入ってくると、若
干ブレてしまう。ほんとうにそこが課題です」
　正直なところ、最近まではつまずいていた
こともあったといいます。「いろいろな情報
やしなくてはならないことが、僕《ぼく》にとっては

多すぎて、注意力が散漫《さんまん》になってしまいました。何もかもがちぐはぐになってしまって、しまった！ と思ったことが幾度《いくど》もありました。自分はこれでいいのか、これで続けていけるのかな、やっていけるのかなと思った時もあります」と田崎さん。

けれど、踏《ふ》みとどまれたのは、やはり動物が好きだという気持ちだったといいます。前向きに意識を変えようと思って日々の業務に向き合っているそうです。仕事では厳しくても、スタッフはみな人柄《ひとがら》もよくて、働き続けることで得るものがたくさんあると思い直して、今に至っているのだとか。みなそれぞれに悩《なや》みをかかえながらも、「動物が好きだから」「動物のため」という思いで乗り越《こ》えているのです。

熱中症《しょう》セミナーを企画《きかく》

そんな田崎さんのうれしかったこと、印象に残っていることは何でしょうか。

うれしかったことは、最近「お手入れ」の指名が入ったことだそうです。中央動物専門学校在学中に、ブラッシングをはじめ犬猫《いぬねこ》の全身のお手入れを学ぶトリミングの授業があり、一時期トリマーにもひかれたことがありました。

お手入れのメニューとしては爪切《つめき》り、耳掃《そう》除《じ》、歯磨《はみが》き、肛門腺絞《こうもんせんしぼ》り、足裏バリカンなど、トリミングサロンでするような簡単なものを新座動物総合医療センターでも行っています。肛門腺絞《こうもんせんしぼ》りとは、肛門《こうもん》の左右にある肛門嚢《こうもんのう》という袋にたまった分泌物《ぶんぴつぶつ》を絞《しぼ》り出すケアのことで、足裏バリカンとは、足の裏の肉球のあいだの伸《の》びた毛を、バリカンで短くカットすることです。

　これらのお手入れを「田崎さんにやってもらいたい」と言われたことがとてもうれしかったそうです。爪切《つめき》りもきれいに切ってくれると好評なようです。

　印象に残っていることは、2023年の夏に、自分からセミナーをやりたいと申し出て、実現したことです。新座動物総合医療センターでは以前は年に1回、飼《か》い主向けに歯磨《はみが》きセミナーや耳掃除《そうじ》セミナー、熱中症《しょう》セミナーなどを開催《かいさい》していました。田崎さんは、コロナ禍《か》で中断していたセミナーを、再び開催《かいさい》したいと思ったのです。

　自分が思い描《えが》いているセミナーを先輩《せんぱい》に伝えてお願いし、8月に実施《じっし》させてもらいました。参加した飼《か》い主は5名。「ちょっと自分

セミナーでの田崎さん

本位の一方的な雰囲気《ふんいき》になってしまったけれど」と田崎さんは笑いましたが、熱中症《しょう》の予防も対策も飼《か》い主としては知っておきたい大事なことです。犬たちを守る気持ちになってやり遂《と》げられたことは、田崎さんの自信につながったに違《ちが》いありません。

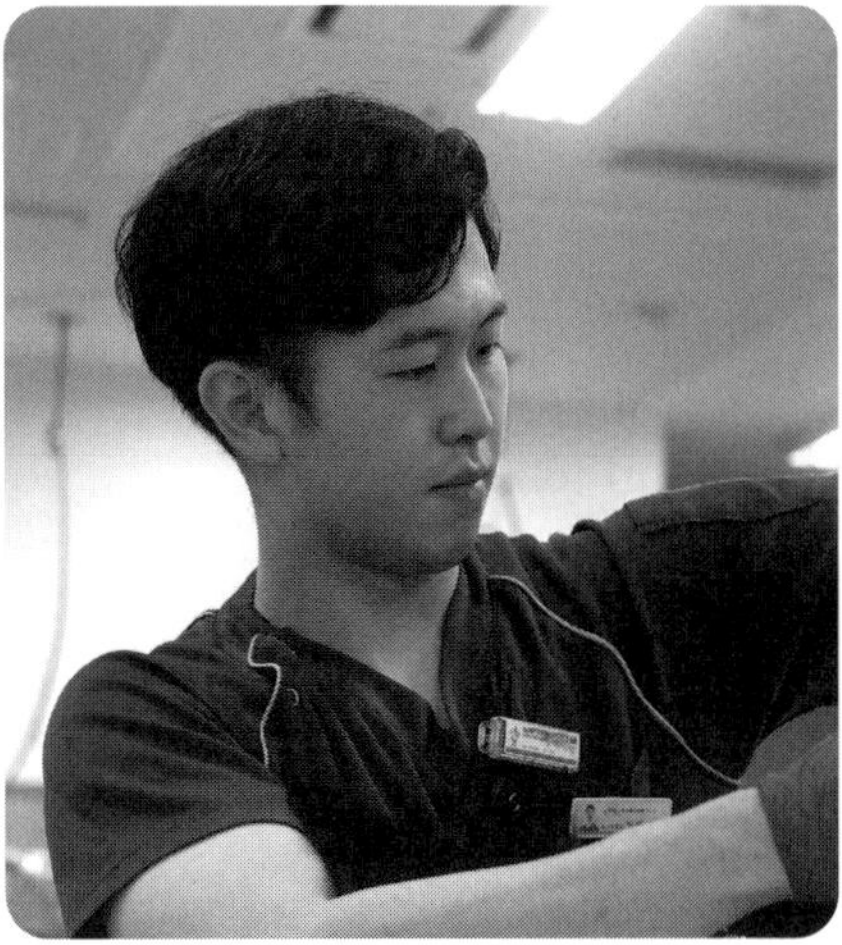

入院室で点滴の確認をする

男性の愛玩動物看護師が増えてほしい

もうひとつ印象に残っているのが、先輩《せんぱい》といっしょに受付に立ったことでした。それまでは、男性愛玩動物看護師は受付に立たないという暗黙《あんもく》のルールのようなものがあり、避《さ》けられていたようなのですが、だからと言って、どこの病院も特別に禁止するような理由は見当たりません。

田崎さんたちが受付に立ちたいと進言したところ、それができるようになったそうです。受付で飼《か》い主と話をすることで、ペットの一面や家族との接し方が、よりくわしくわかることもあります。また、受付で男性の愛玩動物看護師を見かけるようになれば、診察《しんさつ》室で対面するだけだった飼《か》い主家族にも、これまで以上に、より親しみをもってもらえるのではないかと田崎さんは思っています。

また、田崎さんは「動物は話せないので、僕たちが話すのは飼《か》い主さん。飼《か》い主さんとのコミュニケーションは大切なので、愛玩動物看護師になりたいなら、誰《だれ》とでも話せるようになったほうがいい」と中高生に伝えたいと話します。

病気になったペットの飼《か》い主は、つらい気持ちが続くことで、時として田崎さんたちスタッフにも厳しい言葉を口にすることもあります。そんな時も冷静にコミュニケーションがとれれば、おたがいの気持ちが通じ合います。

そして、田崎さんは「最終的には、動物が好きという気持ちがあれば、乗り越《こ》えられます」ときっぱりと言いました。田崎さんも就職して数年間、自分の課題に直面しながらも、

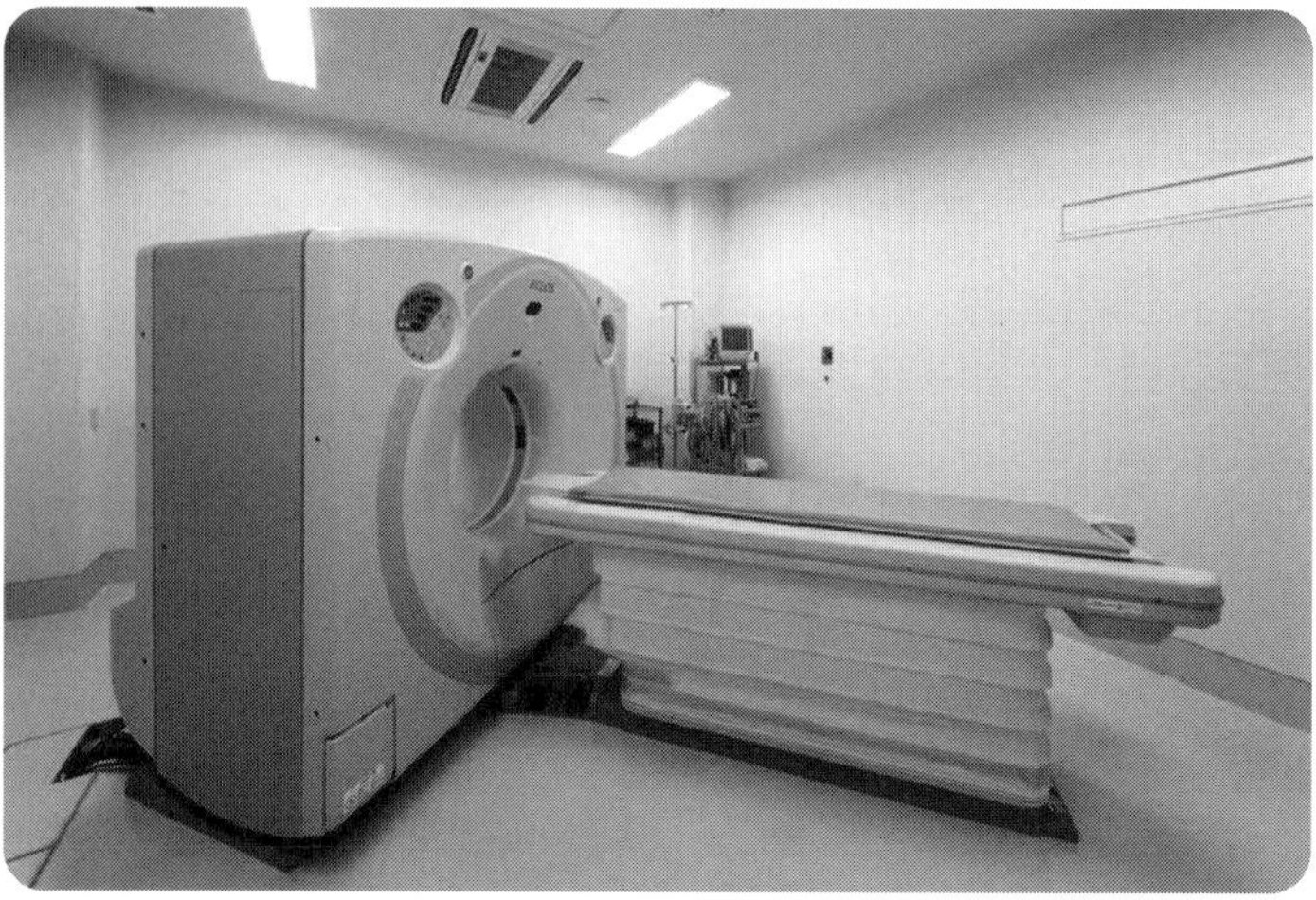
病気の早期発見につながるCTも完備

最愛のペットのため、飼い主家族といっしょに考えながら治療をしていく

そうして乗り越《こ》え、踏《ふ》みとどまってきたのです。飼《か》い主からの何回もの「ありがとう」や動物たちが元気になって戻《もど》っていく姿にはげまされながら。

田崎さんの目標は、愛玩動物看護師を続けていくことです。新座動物総合医療センターには指導し見守る目も多いため、国家資格になってからできるようになった採血や皮下注射、経口投薬の指示を積極的に出してもらえるそうです。ここで勤務している以上、担うこともある、そういった作業のスキルアップができることはありがたいことです。「あとはこの機会を通して、もっと愛玩動物看護師に男性が増えてくれるとうれしいです」と微《ほほ》笑《え》みました。

田崎さんの5年後、10年後の姿が楽しみです。

2章

愛玩動物看護師の世界

動物医療に欠かせない看護のプロフェッショナル

動物看護教育の始まり

愛玩《あいがん》動物《どうぶつ》看護師は、動物病院などで病気やケガをした動物の世話や、診療《しんりょう》の補助をする動物看護のプロです。動物を飼《か》っていて、動物病院に行ったことがある人なら、知っていることでしょう。動物病院で受付をしてくれたり、診察《しんさつ》室では獣医師《じゅういし》が診療《しんりょう》をするあいだ、動物が動かないように保定し、帰り際には会計をするのも愛玩動物看護師でしたよね。

「あれ?」と思う人もいることでしょう。この本のタイトルには「愛玩動物看護師」とあります。よく聞く動物看護師と愛玩動物看護師は、何が違《ちが》うのでしょうか。ここで、動物看護教育の歴史や愛玩動物看護師が誕生《たんじょう》した経緯《けいい》を、少し紹介《しょうかい》しておきましょう。

１９６７年、東京都《とうきょうと》渋谷《しぶや》区にシブヤ・スクール・オブ・ドッグ・グルーミング（現・ヤマザキ学園）が開校しました。「世界初の犬のスペシャリスト養成機関」と謳《うた》われ、動物看護の教育もここから始まりました。同じ年にＮＰＯ法人日本動物衛生看護師協会《にほんどうぶつえいせいかんごしきょうかい》が設立され、その後、つぎつぎと動物関係の専修学校が設立されました。

犬や猫《ねこ》の飼育《しいく》頭数の増加にともない、ペットたちが動物病院にかかるようになると、知識をもって獣医師《じゅういし》のサポートをする人材が必要になります。こうして１９８０年代に入り、いくつかの団体が「動物看護師」という民間資格を発行するようになったのです。ただ資格をもった動物看護師が活躍《かつやく》するようになったものの、資格取得の基準はまちまちでした。

動物看護のプロの技術水準と地位の向上をめざす

１９９５年には、動物看護学を学問として確立させることをめざして、日本動物看護学《にほんどうぶつかんごがっ》会《かい》が創設され、２００２年に帝京科学《ていきょうかがく》大学がアニマルサイエンス学科を設置して動物看護師を育成する教育課程をつくり、２００５年には日本獣医生命科学《にほんじゅういせいめいかがく》大学が動物看護師などの動物医療《いりょう》のスペシャリストを養成する獣医《じゅうい》保健看護学科を設置しました。

学術活動を支援《しえん》する団体が立ち上がり、４年制大学においても動物看護師を育成する学科が設置されるようになると、ますます看護教育や動物看護師の資格のあり方が議論されるようになりました。

近年、犬や猫《ねこ》をはじめ、ウサギやハムスターなどの小動物、鳥類など、さまざまな動物が家族の一員として大切にされています。病気やケガの診断《しんだん》や治療《ちりょう》だけでなく、フードや病気の予防、飼《か》い方のアドバイスなど、幅広《はばひろ》い役割を担う動物看護師の存在が不可欠となっています。一方で、その資格や業務に関する法律がなく、技術水準や社会的な地位などの確保が十分ではありませんでした。

日本動物病院協会《にほんどうぶつびょういんきょうかい》（ＪＡＨＡ）をはじめ日本小動物獣医師会《にほんしょうどうぶつじゅういしかい》など五つの団体が、独自に動物看護師の認定をしていましたが、「動物看護師の重要性の高まりを受けて、社会的な地位を確立するためには、動物看護関係団体、獣医師《じゅういし》団体が中心になって、教育と資格認定基準を均一にする必要がある」との声があがりました。

国家資格として愛玩動物看護師が誕生《たんじょう》

こうして、動物看護師の国家資格認定に向けた動きが本格化してきたのです。動物看護師の専門職としての社会的な地位を確保し、全国の動物看護師たちをまとめる日本動物看護職協会《にほんどうぶつかんごしょくきょうかい》（ＪＶＮＡ）が２００９年に発足し、２０１１年には一般《いっぱん》財団法人動物看護師《どうぶつかんごし》統一認定機構《とういつにんていきこう》が立ち上がりました。翌２０１２年から全国一律の動物看護師統一認定試験が行われ、高いレベルの専門知識と保定などのサポート技術が要求される認定動物看護師が誕生《たんじょう》しました。

そして、日本動物看護職協会や関係団体の法整備への熱心な働きかけが実り、2019年6月に愛玩動物看護師法が制定され、これに基づいて「愛玩動物看護師」が国家資格となりました。2022年5月、愛玩動物看護師法が施行《しこう》、2023年2月に試験が行われ、4月に国家資格をもつ愛玩動物看護師が誕生《たんじょう》したのです。

認定動物看護師から愛玩動物看護師へ

では、認定動物看護師と愛玩動物看護師では、何が違《ちが》うのでしょうか。

認定動物看護師は、動物看護師統一認定機構の試験によって認定された動物看護師です。民間資格においてもっとも取得率が高く、動物看護師の80%以上の人が取得していました。認定

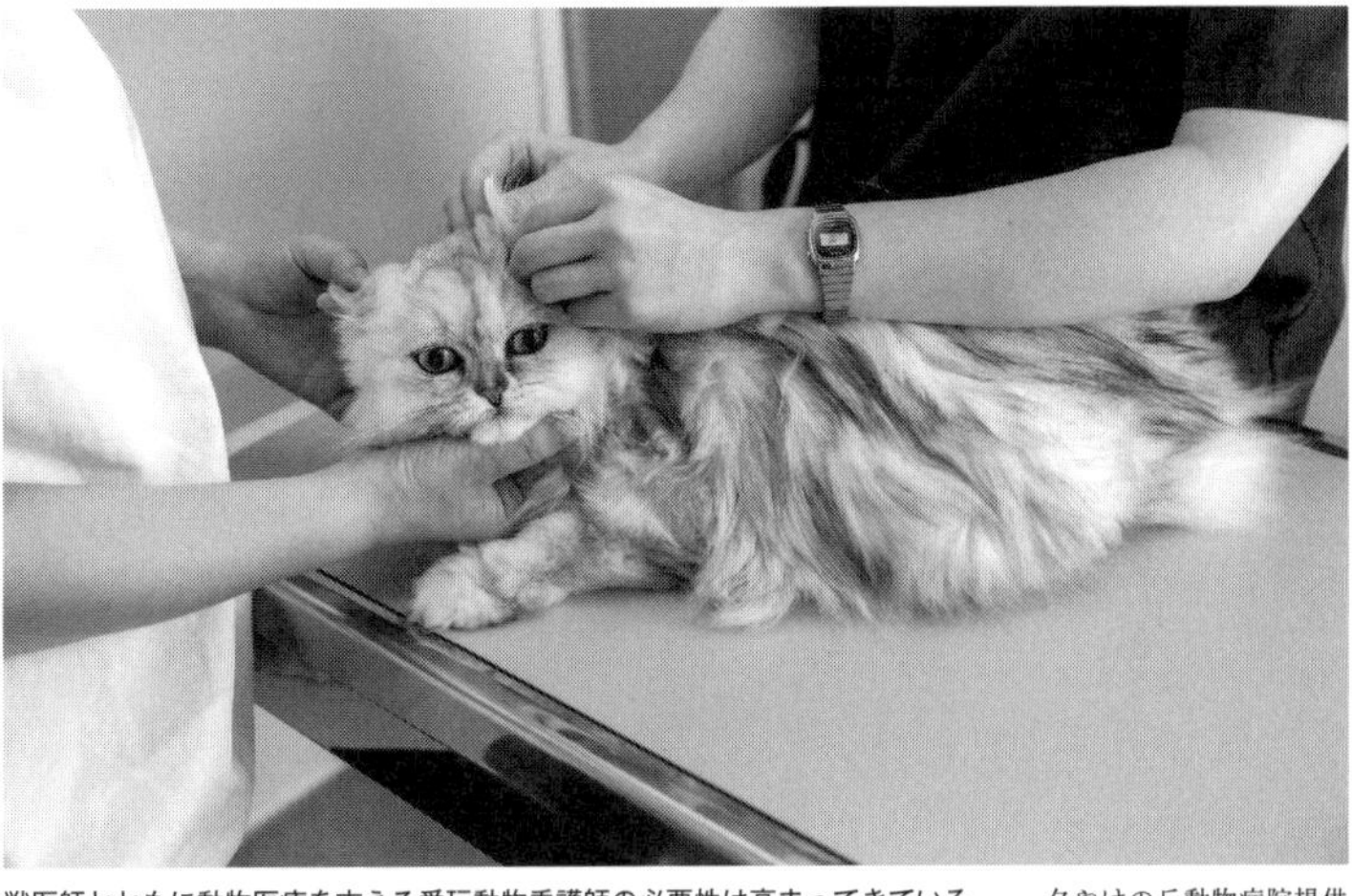

獣医師とともに動物医療を支える愛玩動物看護師の必要性は高まってきている　夕やけの丘動物病院提供

動物看護師として仕事をしていた多くの人が、おそらく第1回、第2回の愛玩動物看護師の国家試験を受けたことでしょう。一般《いっぱん》財団法人動物看護師統一認定機構によると、2024年4月1日現在の認定動物看護師の登録者数は3万997人、愛玩動物看護師名簿《めいぼ》の登録者数は2万648人でした。

愛玩動物看護師の国家資格をもっていない人は、あたりまえですが「愛玩動物看護師」という肩書は使えません。また「動物看護師」「動物看護士」などの紛《まぎ》らわしい名称《めいしょう》も使用できません。それは愛玩動物看護師が業務独占《どくせん》・名称独占《めいしょうどくせん》の資格だからです。

愛玩動物看護師にしかできないこと

業務独占《どくせん》資格とは、特定の業務に対して、特定の資格をもっている人だけが従事できる資格で、資格がなければその業務を行うことができません。これまで「採血」「カテーテルによる採尿《さいにょう》」「投薬」「マイクロチップの挿入《そうにゅう》」は獣医師《じゅういし》しか行えませんでしたが、獣医《じゅうい》師《し》の指示の下に、「診療《しんりょう》の補助」（診療《しんりょう》補助業務）として愛玩動物看護師が行うことができるようになりました。つまり診療《しんりょう》補助業務は、獣医師《じゅういし》以外では愛玩動物看護師の独占《どくせん》業務ということになります。

ただし、診療《しんりょう》補助業務以外の仕事や処置については、民間資格取得者や資格のない人であっても、引き続き行うことができます。

名称《めいしょう》についても、愛玩動物看護師の資格がある人だけしか名乗れないので、名称独占《めいしょうどくせん》の資格といえます。前に書いたように動物看護師や動物看護士などの名称《めいしょう》は使用できなくなったため、今後は民間資格の名称《めいしょう》が変わったり、まだ愛玩動物看護師の資格を取得していない、これまでの認定動物看護師は「動物看護助手」「動物診療《しんりょう》助手」「動物ケアスタッフ」と名札の名称《めいしょう》を変えたという動物病院もありました。

愛玩動物しか診《み》てあげられないの？

愛玩動物看護師の名称《めいしょう》になっている「愛玩動物」とは、どの動物をさすかというと、愛玩動物看護師法では「犬、猫《ねこ》、その他政令で定める動物」と規定されています。調べると、政令で定める動物というのは「愛玩鳥（オウム科、カエデチョウ科、アトリ科）」で、

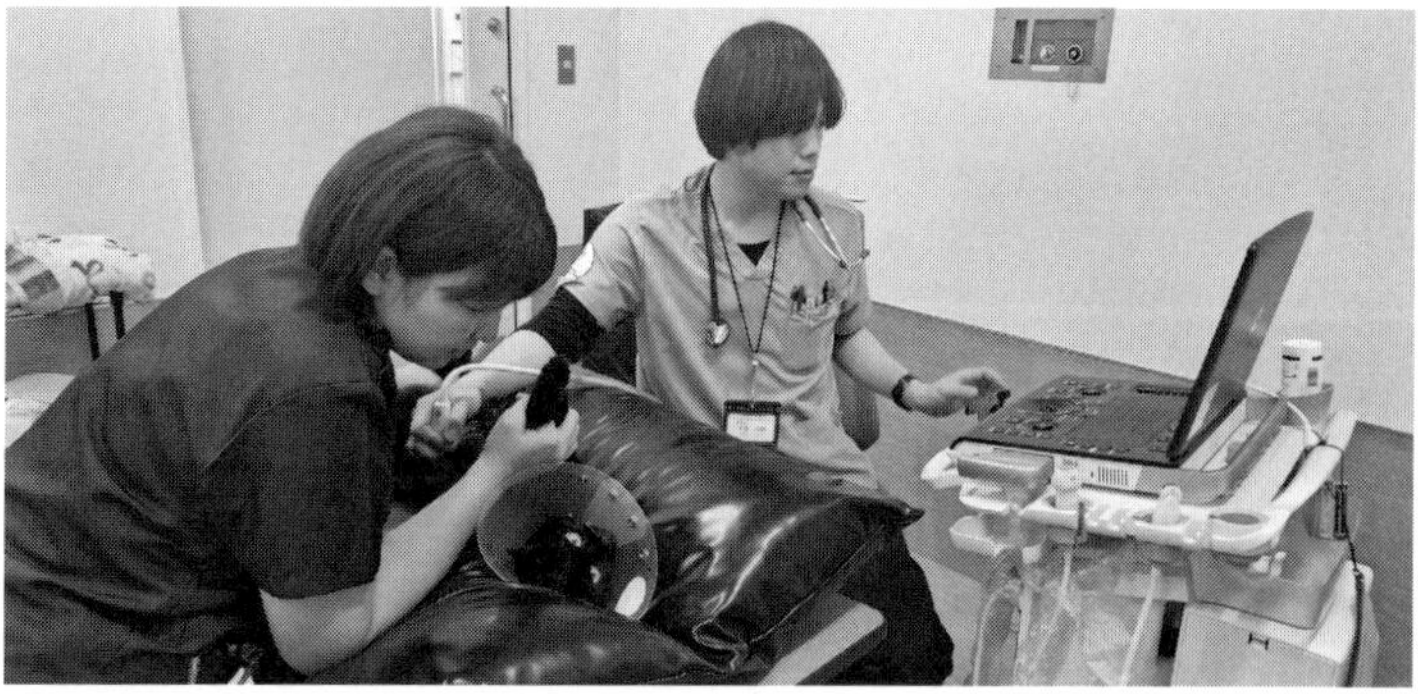

超音波検査のさい、患者の猫を的確に保定する愛玩動物看護師

東京農工大学小金井動物救急医療センター提供

インコ、ブンチョウ、カナリアなどが含《ふく》まれます。規定された愛玩動物の中には、ウサギやハムスター、モルモットなどの、家で飼《か》われている比較《ひかく》的ポピュラーな小動物は入っていませんでした。

だからといって、愛玩動物看護師が愛玩動物の定義に含《ふく》まれていない動物に何もしてあげられないわけではありません。治療《ちりょう》がスムーズに行えるように、無理のない体勢で抱きかかえたり、日常のお手入れに関する指導などはできます。そして、前に書いた診療《しんりょう》の補助を除いたほかの業務なら、してあげることができます。

そのため愛玩動物看護師は愛玩動物だけでなく、いろいろな動物の特性や病気、お手入れや栄養管理など、幅広《はばひろ》い専門的知識をもっていることが求められます。

愛玩動物看護師の仕事

ペットと飼い主のために診療補助から飼育相談まで

治療《ちりょう》以外の仕事も多い

愛玩動物看護師は、獣医師《じゅういし》が行う動物の診察《しんさつ》や治療《ちりょう》を補助するだけでなく、病院内の清《せい》掃《そう》から薬や消耗品《しょうもうひん》の在庫管理、飼《か》い主へのアドバイスまで、業務は多岐《たき》にわたります。何度も書いているように、これまでは獣医師《じゅういし》だけに認められていた一部の診療行為《しんりょうこうい》が、獣医《じゅうい》師《し》の指示の下で行えるようになり、対応できる診療《しんりょう》業務の幅《はば》が広がりました。では、具体的にどのような仕事をするのか、見てみましょう。

診療《しんりょう》にかかわる仕事

●診察《しんさつ》・治療《ちりょう》のサポート

動物たちは自分の状態を説明できないので、飼《か》い主への問診《もんしん》（動物の病歴や現在の病気の経過や状況《じょうきょう》を尋《たず》ねること）や触診《しょくしん》（実際に動物の体にさわって診察《しんさつ》すること）は欠かせません。動物は診察《しんさつ》や治療《ちりょう》の時にじっとしていられないため、愛玩動物看護師による介助《かいじょ》が不可欠です。診察《しんさつ》時に動物の保定をしたり、体温を測定したりします。また獣医師《じゅういし》の指示があれば採血をしたり、飲み薬を与《あた》えます（投薬）。

動物が動かないように押《お》さえておくだけなら、動物好きであれば、誰《だれ》でもできると思うかもしれませんが、保定には技術が必要です。愛玩動物看護師は採血をするならその処置にふさわしい保定をし、動物の不安が軽くなるよう優しく声をかけたりしま

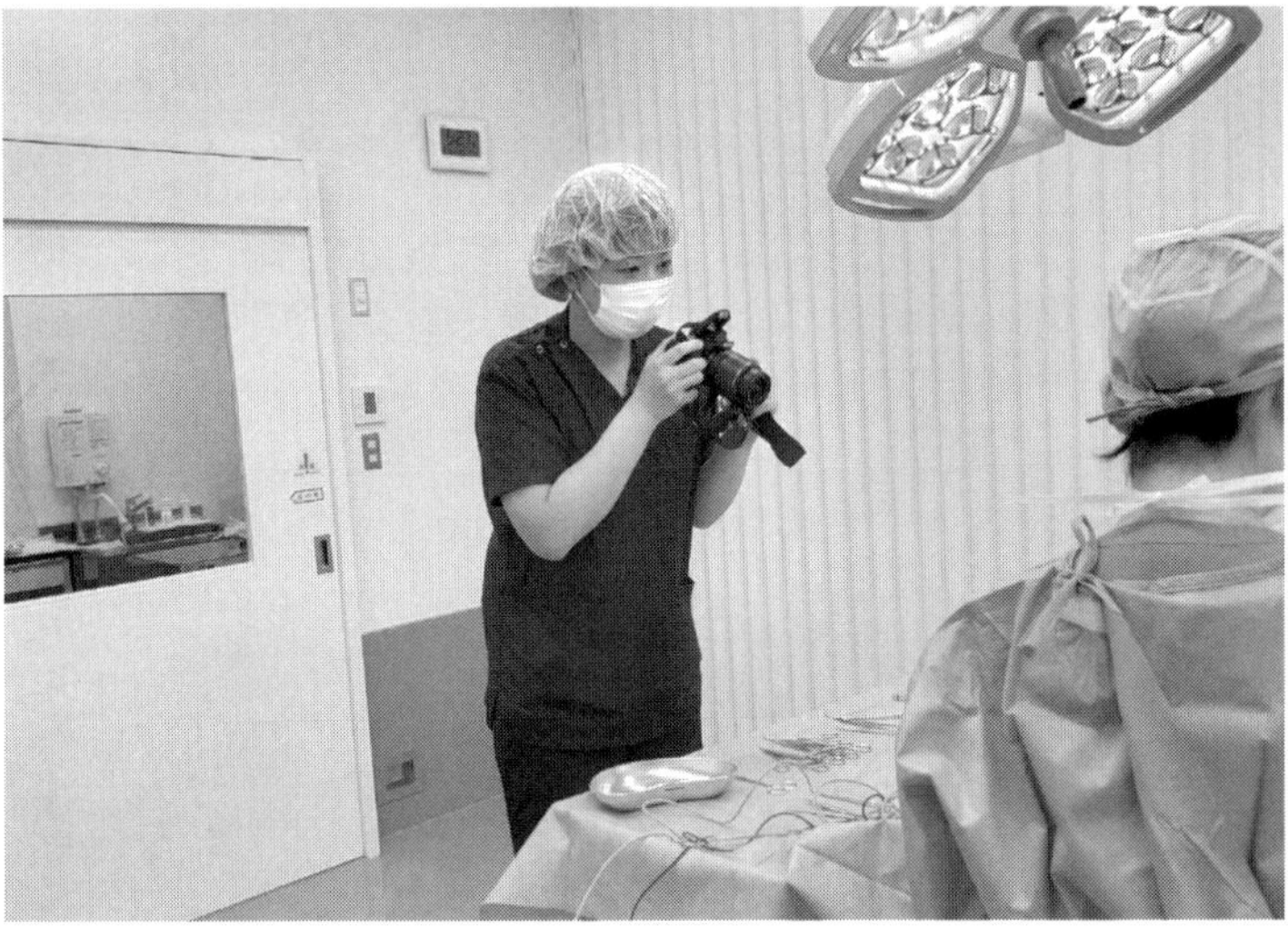

手術の過程を記録　　東京農工大学小金井動物救急医療センター提供

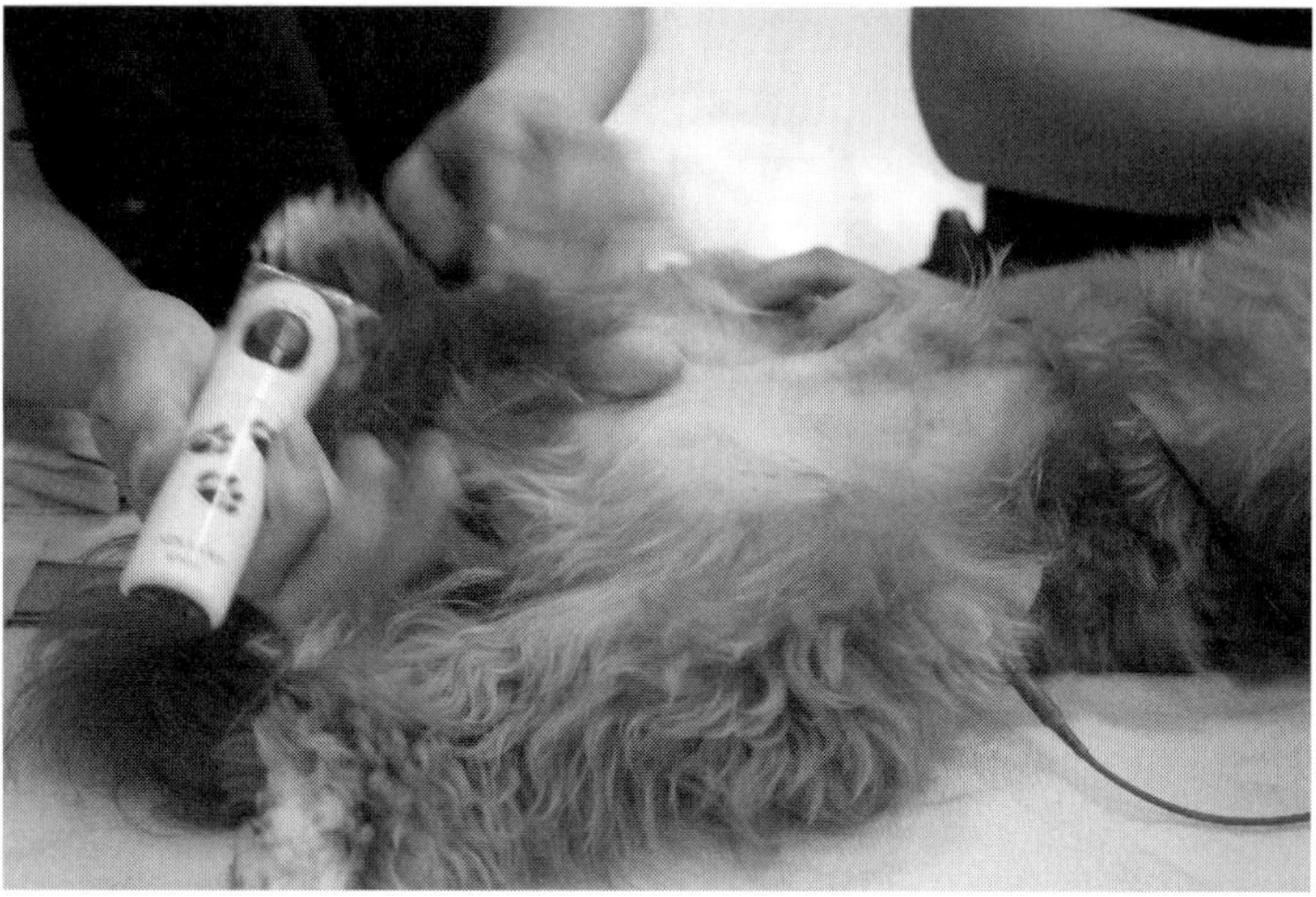

手術の前の剃毛

す。動物の処置に必要な、安全な保定技術の習得は、優秀《ゆうしゅう》な愛玩動物看護師になるには必《ひっ》須《す》条件です。

●器具の準備、機器を使った検査

診療《しんりょう》前の器具の準備や後片付け、消毒、整理なども大切な仕事です。獣医師《じゅういし》が診察《しんさつ》中、検査機器で血液や尿《にょう》などを検査することもあり、フィラリア予防のシーズンに入る春には、寄生虫がいるかどうかの血液検査で病院が混み合うことがあります。検査結果を間違《まちが》いなく伝え、それぞれの動物に合った予防薬とその体重に見合った量を速やかに準備して渡《わた》すのも愛玩動物看護師の仕事です。

●手術のサポート

不妊《ふにん》手術を受ける動物のおなかの毛をバリカンで剃《そ》っておくなど、手術を受ける患者《かんじゃ》に必要な処置を行い、手術に応じた必要器具やモニター機器の準備をします。手術前には麻《ま》酔《すい》の介助《かいじょ》を行い、手術中は器具を渡《わた》す、患者《かんじゃ》の状態を観察する、手術の記録を取る、麻《ま》酔《すい》管理の補助をするなど、手術が円滑《えんかつ》に進むよう手助けをします。手術後は器具の洗浄《せんじょう》や滅《めっ》菌《きん》をし、手術室を整えておきます。

●入院している動物のお世話

体温や体重のチェック、投薬や食事の世話を通して、入院している動物の体調に異変がないか観察し、看護記録に残します。入院室やケージの掃除《そうじ》と消毒も大切な仕事です。

診療《しんりょう》以外の仕事

●受付や飼《か》い主への対応

動物病院に来た飼《か》い主がいちばんはじめに顔を合わせるのが愛玩動物看護師です。ペットの具合が悪くて病院に連れて来た飼《か》い主は、不安をかかえています。ましてはじめて訪れるなら、なおさらです。そこへ冷淡《れいたん》な物言いで訪れた理由を聞かれたら、どんな気持ちでしょうか。受付窓口や電話に出た人の対応しだいで、動物病院の印象はずいぶん変わります。飼《か》い主から動物の症状《しょうじょう》や様子を聞く時も、飼《か》い主の気持ちに寄り添《そ》って聞き、獣医《じゅうい》師《し》に伝えます。

図表1 愛玩動物看護師の業務範囲

獣医療

診療
●手術、X 線検査、診察等に基づく診断など
→ 獣医師のみ実施可能

愛玩動物看護師の業務

診療の補助
●獣医師の指示の下に行う採血、投薬（経口など）、マイクロチップ挿入、カテーテルによる採尿など
→ 愛玩動物看護師のみ実施可能（獣医師も引き続き実施可能）

その他の看護
●入院動物の世話、診断をともなわない検査など

動物の愛護及び適正な飼養に関する業務

●動物の日常の手入れに関する指導・助言
（グルーミング、爪切り、歯磨きなど）
●人と動物の共生に必要な基本的なしつけ
（適切な社会化をうながすための教室の開催）
●動物介在教育（AAE）への支援
（小学校等を訪問し学習活動をサポート）
●動物介在活動（AAA）への支援
（高齢者施設等でのセラピー活動）
●動物飼養困難者（高齢者等）への飼育支援
（家庭訪問、電話などで飼育に関する助言）
●災害発生時の被災動物適正飼養のための支援
（地方自治体との連携協力）
●動物のライフステージに合わせた栄養管理
（ペットショップ等での食事相談）　など

その他一般業務
●診察受付・院内の衛生管理・備品の在庫管理など

（その他の看護・動物の愛護及び適正な飼養に関する業務・その他一般業務）→ 愛玩動物看護師以外も実施可能

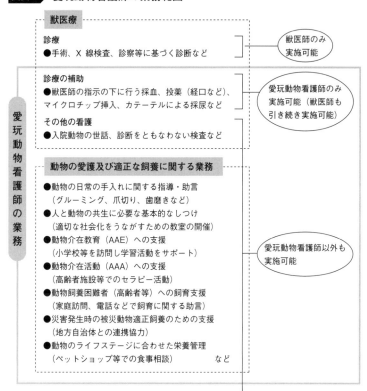

診察《しんさつ》や治療《ちりょう》が終わった後に会計をするのも愛玩動物看護師です。会計時に薬の飲ませ方や家でのケア方法を伝えるのも大切な仕事です。そのほか薬品類の仕分けや書類の作成、ワクチン接種のダイレクトメールの発送など、事務的な仕事も少なくありません。

●薬品や消耗品《しょうもうひん》の在庫管理と補充《ほじゅう》

病院内に保管している薬の残量や期限をチェックし、在庫が不足しそうなら製薬会社に注文します。薬以外の診療《しんりょう》材料や消耗品《しょうもうひん》についても、同じように在庫の管理と補充《ほじゅう》を行います。また、入院している動物のフードの管理や、依頼《いらい》されて置いているサンプルフードの整頓《せいとん》なども行います。

●病院内の掃除《そうじ》・衛生管理

病院内の清掃《せいそう》と消毒は、感染症《しょう》や院内感染を防ぐために欠かせません。診察《しんさつ》に使うタオルや手術用の滅菌布《めっきんふ》などの洗濯《せんたく》や保管、補充《ほじゅう》も仕事のひとつです。

●スタッフの指導や勉強会など

先輩《せんぱい》看護師は、診察《しんさつ》や検査の補助の仕方、それぞれの病気の知識や注意すべき点などを、新人スタッフや後輩《こうはい》に指導します。1章に登場した圓尾文子《まるおふみこ》さんは看護師長として、手術のさいも後輩《こうはい》をサポートし、定期的に開くミーティングでは課題の解決について意見交換《こうかん》を行っています。

図表2 ある動物病院での愛玩動物看護師の一日

8：30～　勤務開始
診療・検査・手術予約、入院管理の確認、入院動物の処置、ホテルにいる動物のお世話

↓

9：00～　午前診療
受付、調剤、検査、保定、診療の合間に血液検査や尿検査、手術の準備など

↓

13：00～　手術・検査
手術がスムーズに行えるよう必要な器具の準備、麻酔の介助、患者の状態の観察、手術の記録などを行う
交代でお昼休憩、スタッフルームを使用

↓

16：00～　午後診療開始
受付、検査、保定、処置の補助など
診療の合間に血液検査や尿検査、入院動物の処置なども

↓

19：00　午後診療終了
入院動物の処置、ホテルにいる動物のお世話、終業作業（翌日の診療に備えて備品の確認、整頓など）

図表3 かかりつけ動物病院の1年

月		
1月		
2月		春の予防シーズンの準備
3月	繁忙期	春の健康診断シーズン
4月	繁忙期	狂犬病予防接種やフィラリア予防の開始時期
5月	繁忙期	＊新入社員を迎えるとすぐ繁忙期に突入
6月		
7月		熱中症、外耳炎など皮膚トラブルが増え始める
8月		
9月	繁忙期	秋の健康診断シーズン
10月	繁忙期	涼しくなるとノミ・マダニ駆除やフィラリア症予防を忘れがちになるため啓蒙
11月	繁忙期	＊学会やセミナーが多い季節
12月		

＊季節ごとの検査キャンペーン（イベント）の準備
＊連休、お盆、年末年始はホテル繁忙期

●地域に向けての社会活動など

愛玩動物看護師として外部セミナーに参加して、それぞれの知識を広げるだけでなく、ほかの動物病院の愛玩動物看護師と連携《れんけい》して、地域の防災活動を周知したり、その動物病院が単独で、あるいは近隣《きんりん》のトリミングサロンといっしょに、飼《か》い主向けのセミナーや地域の住民向けのセミナーを開き、地域社会へも貢献《こうけん》しています。

また、図表1にあるように、「動物の愛護及《およ》び適正な飼育《しいく》に関する業務」は、愛玩動物看護師はもちろん、民間資格の動物看護師でもできる業務なので、率先して取り組むことが求められています。

二次診療《しんりょう》、救急診療《しんりょう》の動物病院では

動物医療《いりょう》の検査機器や治療装置《ちりょうそうち》は日進月歩の勢いで進化しています。かかりつけ医からの紹介《しょうかい》で受診《じゅしん》する二次診療《しんりょう》の動物病院や夜間救急に対応する動物病院には、高度医療《いりょう》に対応するさまざまな検査機器や治療装置《ちりょうそうち》がそろっています。二次診療《しんりょう》の動物病院で働く愛玩動物看護師は、獣医師が使うそれらの機械への知識が必要ですし、緊急《きんきゅう》外科手術の補助や重症動物の看護など、一次診療《しんりょう》、一・五次診療《しんりょう》の現場以上に覚えることとやるべきことが増え、スキルアップの必要性にも迫《せま》られることでしょう。

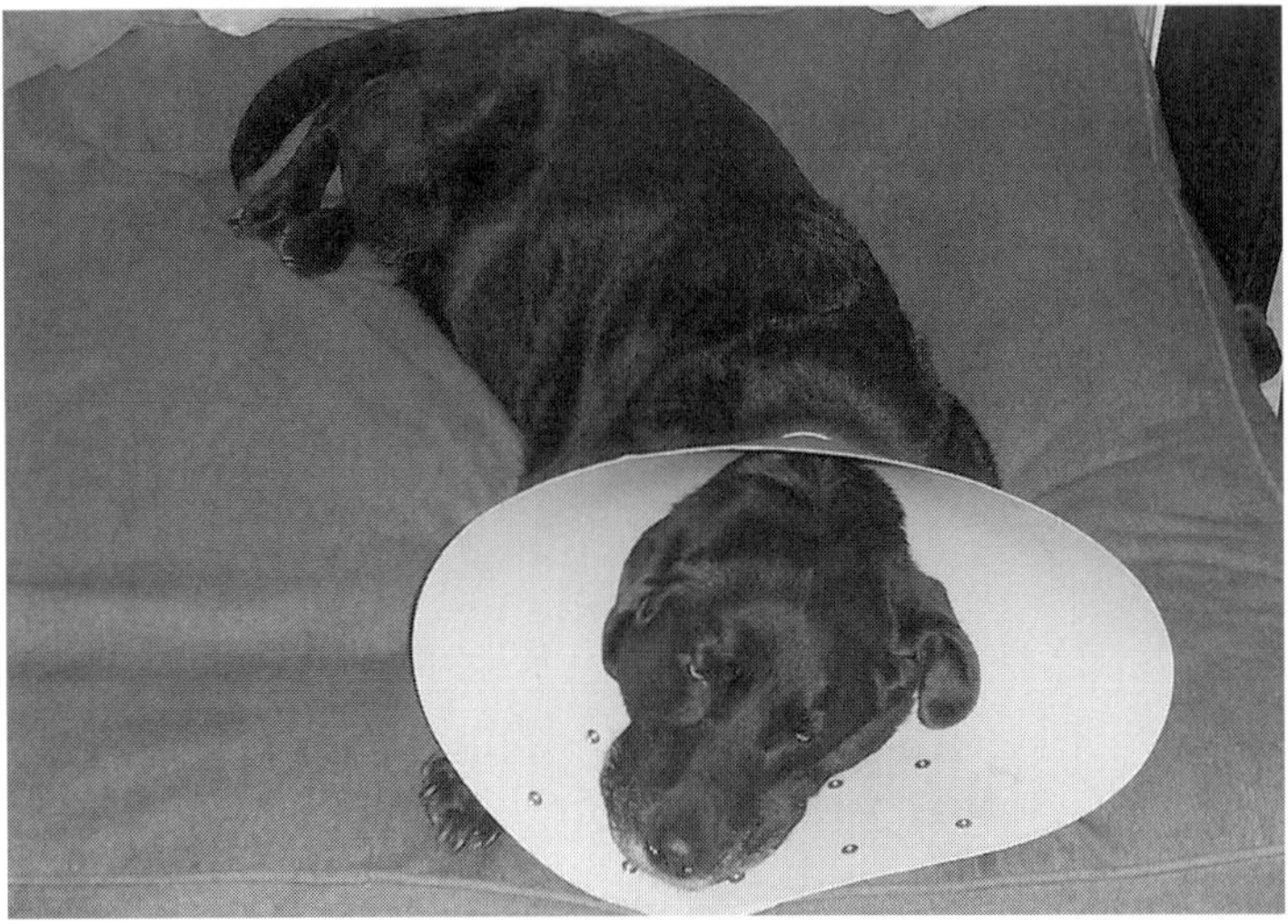

手術後、エリザベスカラーをつけて

精密検査やより深刻な病状の動物を診療《しんりょう》することになるので、緊迫《きんぱく》するシーンも多くなります。82ページからのミニドキュメント2で紹介《しょうかい》する日本獣医生命科学大学付《ふ》属動物《ぞくどうぶつ》医療《いりょう》センターのように、内科系診療《しんりょう》科と外科系診療《しんりょう》科を合わせて18科もある二次診療《しんりょう》施設もあり、一次診療《しんりょう》では診《み》ることのない病気に対応することもあるでしょう。どうしても救えない命もあり、悲しみにくれる飼《か》い主に向き合わなくてはならないこともあります。治療《ちりょう》や手術のサポート、入院中の患者《かんじゃ》のお世話、受付や会計など診療《しんりょう》以外の仕事についても、一次診療《しんりょう》の動物病院と業務内容は同じでも、二次診療《しんりょう》、救急診療《しんりょう》の現場では診《み》る病の重さ、扱《あつか》う装置《そうち》の種類や数に違《ちが》いがあります。

Column

エンゼルケアとグリーフケア

エンゼルケアという言葉を聞いたことはありますか。エンゼルケアとは、亡くなった人に行う死後の処置のことで、体を拭《ふ》いてあげたり、生前のようにお化粧《けしょう》をしてあげたりして、身なりを整えることです。また亡くなった後、時間が経つと遺体が変化して、細菌《さいきん》や病原体が発生することで、感染症《しょう》のリスクが高まります。感染予防のためにもエンゼルケアによる適切な処置が大切なのです。

この本で取材に訪れた動物病院でも、亡くなった犬や猫《ねこ》にエンゼルケアをしてくれる病院があります。

わが家でも大型犬から小型犬まで6頭の愛犬を、猫《ねこ》は5匹を自宅で看取ってきました。自宅で亡くなれば、飼《か》い主が死後の処置をするものと思っていたので、得た知識の通り、お別れの用意をしていました。亡くなった後、排泄物《はいせつぶつ》が出ることはよくありますが、一頭、鼻血がなかなか止まらなかった子がいました。顔に悪性腫瘍《しゅよう》ができて手術したことがあったので、その影響《えいきょう》かもしれませんが、すでに体は動かなくなっていたのに、まるで生きているかのように、鼻血が止まらなかったのは、とても切ないものでした。

1章ドキュメント2で紹介《しょうかい》した夕やけの丘動物病院のように、自宅で亡くなっても、エンゼルケアをしてくれる動物病院もあります。あくまでも希望があればということですが、愛玩動物看護師が中心になって、心を込《こ》めて手ぎわよく処置をしています。

エンゼルケアの後に、大切なことがあります。それがグリーフケアです。グリーフは悲嘆、深い悲しみを意味し、グリーフケアとはその人の悲嘆に寄り添《そ》い、少しでも心が落ち着けるようにサポートすることをいいます。

ともに暮《く》らしてきたペットを亡くすと、飼《か》い主は途方《とほう》もない喪失感《そうしつかん》におそわれます。もっとああしてあげればよかったという後悔《こうかい》、その後悔《こうかい》から自分を責めたり、悲嘆《ひたん》にくれてしまい、何もできなくなることもあります。

ペットが闘病《とうびょう》の末に旅立ったとしたら、その闘病《とうびょう》を支えてくれた獣医師《じゅういし》や愛玩動物看護師は、つらい時間を共有してくれた、心を開ける存在となります。飼《か》い主のグリーフケアができるのも愛玩動物看護師です。何も言わなくても、飼《か》い主の気持ちに耳を傾《かたむ》けるだけでいいのです。

また、愛玩動物看護師など動物医療《いりょう》従事者同士のグリーフケアも大切にしてほしいものです。一生懸《いっしょうけん》命《めい》に世話をしてきた動物の死、突然《とつぜん》病気や事故で亡くなった動物、その死によって飼《か》い主が悲しむ様子を日を置かず目の当たりにすれば、愛玩動物看護師のほうも平静ではいられないでしょう。仲間同士、おたがいの気持ちを聞く時間をもったり、息抜《いきぬ》きをしたりしながら、仕事を続けていける環境《かんきょう》をつくれるといいと思います。

ある心理療法家《しんりりょうほうか》で公認心理師の人が、「ケアのケは敬意のけ、ケアのアは愛情のあ」だと教えてくれました。患者《かんじゃ》にもその家族にも、そして自分にも仲間にも、敬意と愛情をもって接することができる、ケアの精神を忘れない愛玩動物看護師になってください。

ミニドキュメント 1 高度医療機関で働くということ

救えるものなら救いたいから

東京《とうきょう》農工《のうこう》大学《だいがく》小金井《こがねい》動物《どうぶつ》救急《きゅうきゅう》医療《いりょう》センター
田《た》中《なか》謙《けん》次《じ》さん（右）・市《いち》川《かわ》衣《え》美《み》さん（左）

ひとつの大学に二つの動物病院

　東京都府中《ふちゅう》市にある東京農工大学には獣医《じゅうい》師《し》を養成する農学部共同獣医学科《じゅういがくか》があり、府中キャンパス、小金井《こがねい》キャンパスそれぞれに附属《ふぞく》動物医療《いりょう》センターをもっています。いずれも動物の高度医療《いりょう》を担う二次診療施設《しんりょうしせつ》ですが、２０２２年11月に開院した小金井動物救急医療センターを見学させてもらうことができました。

　小金井動物救急医療センターは治療《ちりょう》や診断《しんだん》に必要なＣＴやＭＲＩによる検査、全身麻酔《ますい》が不要で短時間で検査を受けることができるデジタルＸ線検査装置《そうち》などがあり、土日祝日も救急診療《しんりょう》に対応しています。２０２４年の夏以降には、がん治療《ちりょう》のための放射線治療《ちりょう》科が設置され、また夜間の救急診療《しんりょう》も開始する予定です。ふだんはかかりつけ医からの紹介《しょうかい》による診療《しんりょう》になりますが、緊急《きんきゅう》の場合は電話で確認すれば、可能な限り対応してもらえます。診察《しんさつ》室は特別診察《しんさつ》室を含《ふく》めて7室、その奥《おく》には救急対応ができるよう麻酔《ますい》器と人工呼吸器、麻酔《ますい》モニターが置かれ、3台ある手術台のひとつには、X線を使って体の内部を観察しながら手術できる装置《そうち》が設置されています。また院内に動物専門の検査会社があるため、一般項目《いっぱんこうもく》の検査結果をスピーディーに得ることができます。

救急診療《しんりょう》を経験したかった

現在、獣医師《じゅういし》9人、研修医3人、愛玩動物看護師8人が働いていて、勤務中はインカムを使ってスタッフ間の連絡《れんらく》や情報共有を行っています。開院当初から勤務している愛玩動物看護師の市川衣美さんと田中謙次さんにお話を聞きました。

市川衣美さんは福岡《ふくおか》県の出身で、動物看護は県内の専門学校で学びました。卒業後、県内の一次診療《しんりょう》の病院に就職。九州には二次診《しん》療《りょう》の病院は少なく、数も場所も限られていたため、就職した動物病院では、二次診療《しんりょう》病院で診《み》るような病気も治療《ちりょう》していました。やがて市川さんは二次診療施設《しんりょうしせつ》で働きたいと思うようになりました。「いろいろな病気を診《み》て、ある程度経験を積んでいたので、やはり一次診療《しんりょう》の施設《しせつ》ではできないようなオペ（手術）を見たいと思うようになってきたんです」。

6年間勤めた後、転職先として選んだのが、動物看護師を募集《ぼしゅう》していた東京農工大学の府中にある動物医療センターでした。ここで6

年ほど働いていましたが、小金井市に同じ大学附属《ふぞく》の救急医療センターが開院するというので、希望して異動しました。府中の動物医療センターは基本的に時間診療《しんりょう》のみで、救急診療《しんりょう》は行っていませんでした。市川さんは救急診療《しんりょう》の経験がなかったので、やってみたいと思ったのです。

高度医療施設《いりょうしせつ》をめざしたわけ

一方、田中謙次さんは東京都出身で、高校卒業後、ペットショップが併設《へいせつ》されている動物病院で数年働き、動物看護を学ぶために当時の青山《あおやま》ケンネルに進学。卒業後は一次診療《しんりょう》の動物病院で12~13年働きました。当時も男性動物看護師はめずらしいといわれていましたが、腕力《わんりょく》が必要な大型犬の扱《あつか》いなどを気兼《きが》ねなく頼《たの》めるなど、男性であることで、逆に重宝されていたそうです。

一次診療《しんりょう》の病院に勤めていたある日のこと、田中さんは自分の病院から紹介《しょうかい》した、二次診《しん》療施設《りょうしせつ》を見学させてもらったことがありました。すると、まず設備が違《ちが》いました。特殊《とくしゅ》な検査装置《そうち》があり、最新の診療《しんりょう》機器が置いてあります。獣医師《じゅういし》の診療《しんりょう》の仕方も違《ちが》い、使っている薬も当時いた病院にはないものでした。その違《ちが》いが、田中さんにはとても興味深く映りました。

それ以降、田中さんは二次診療《しんりょう》の病院や夜間の救急診療《しんりょう》のみの病院、エキゾチックアニマルを扱《あつか》う病院などで、動物看護の経験を積んでいきました。専門学校の講師を務めたこともありますが、最終的にはやはり二次診療《しんりょう》にたずさわっていたいと思い、小金井動物救急医療センターの求人に応募《おうぼ》したそうです。

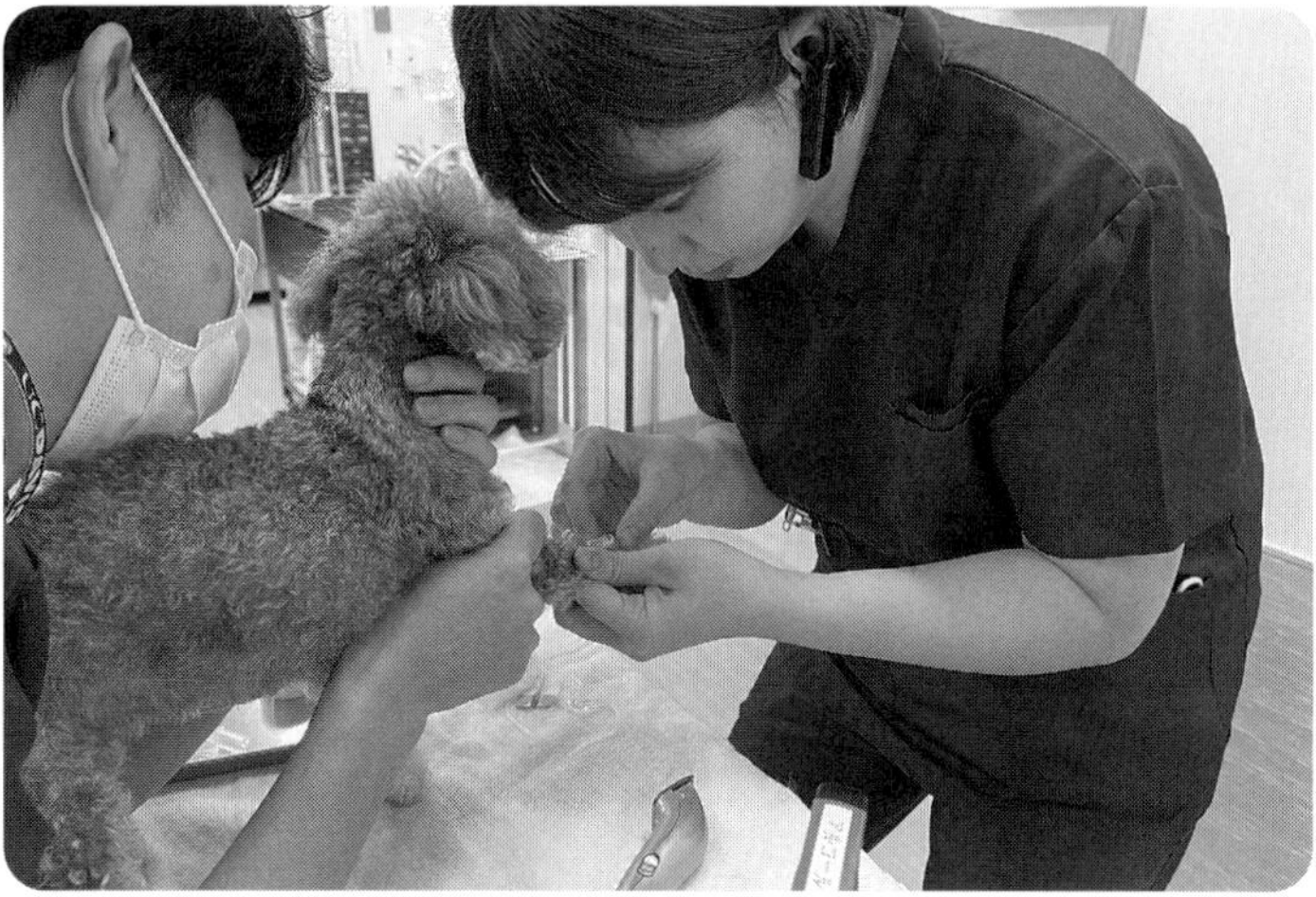

点滴処置を行うために留置を入れる市川さん（右） 取材先提供（以下同）

二次診療《しんりょう》の病院には、一次診療《しんりょう》ではどうしても治らない病気や、診断《しんだん》がつかないという患者《かんじゃ》がやってきます。高度な医療《いりょう》機器や最先《さいせん》端《たん》の治療《ちりょう》方法で救えるのなら救ってあげたい、それができるかもしれないということが、二次診療《しんりょう》をめざす理由だと、二人は口をそろえます。

ただ市川さんは東京の二次診療《しんりょう》病院に就職して1、2年目の時に、ふと一次診療《しんりょう》に戻《もど》ろうかなと思ったことがあったそうです。患者《かんじゃ》と接する時間が少なく、それが何となく物足りないように感じたからでした。

けれど、動物たちは重症《じゅうしょう》や救急で来るため、かかりつけ医で接するような時間が取れないのは仕方ないことです。〝それなら、自分のスキルを上げて、重症《じゅうしょう》な患者《かんじゃ》や救急で来た患《かん》者《じゃ》を助けよう。今後ずっと動物の看護師を続けると私は決めている。そのためには知識も技術もあげていく必要がある〃と思い、踏《ふ》みとどまりました。「そんな中で動物看護師が国家資格になったので、私にとってははげみになり、ますますやる気が出ました」と市川さんはきっぱりと言いました。

スキルアップの努力は必要

さらに「二次診療《しんりょう》病院には、いろいろな先生がいらっしゃいます。人の医療《いりょう》もそうでしょうが、同じ病に対しても、獣医師《じゅういし》ごとにそれぞれ治療《ちりょう》方針が違《ちが》います。基本的な治療《ちりょう》の仕方は同じなのだけど、アプローチの仕方がちょっと違《ちが》ったりする。愛玩動物看護師は近くで見ているので、その違《ちが》いがわかるんです。違《ちが》う方法を知ることができるなんて、勉強になるじゃないですか。そこは二次診療《しんりょう》勤務の強みかな」と話してくれました。

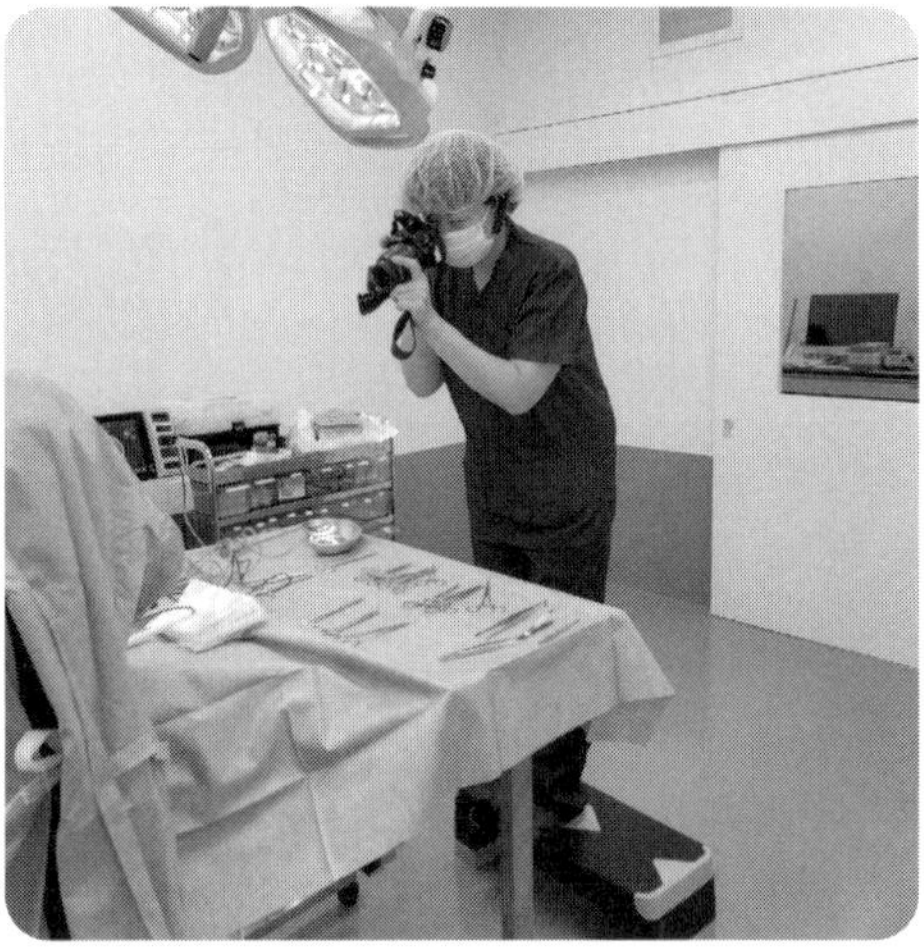
手術中に記録として撮影

もう飼《か》い主や動物たちと接する時間が少ないとは、思わなくなりました。入院している犬猫《いぬねこ》がたとえ数日や1週間で退院したとしても、退院できることに、飼《か》い主は心からお礼

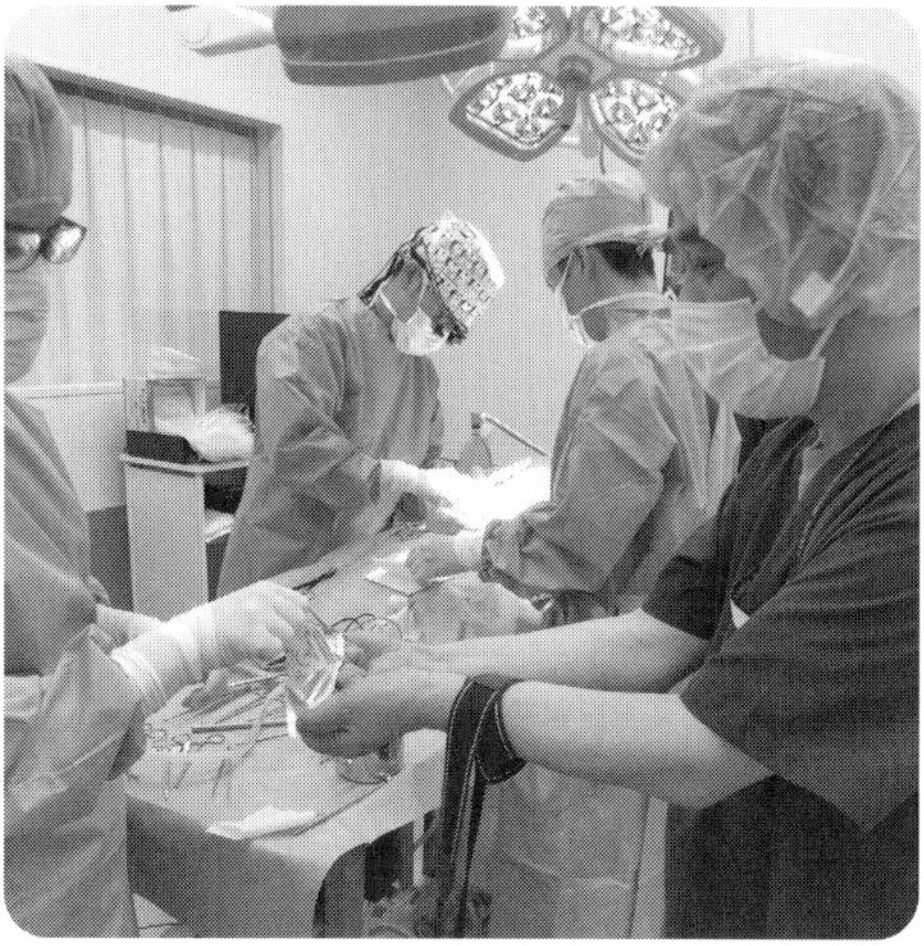
手術に助手として入る田中さん（右）

を伝えてくれます。「重い病気や治療《ちりょう》の難しい患者《かんじゃ》も多く、飼《か》い主さんとはとても大事な話をすることになります。気持ちを分かち合う間柄《あいだがら》になれるので、接する時間の長さは関係なくなりました」という市川さんに、田中さんも「その通りです」と言いながら、大きくうなずいていました。

市川さんには5歳《さい》の男の子がいます。結婚《けっこん》しても出産しても、愛玩動物看護師を辞める気はなかったといいます。子どもを保育園に迎《むか》えに行くため定時に帰りますが、それは異動した時の条件として告げていることでした。いっしょに働いている仲間はそれを理解し、フォローし合っています。

市川さんのつぎなる目標は、獣医師《じゅういし》と対等に患者《かんじゃ》の話、治療《ちりょう》の話ができるように、自分のレベルを上げること。国家資格によってできるようになった採血や、カテーテルによる採尿《さいにょう》、マイクロチップの挿入《そうにゅう》のスキルアップはもちろんのこと、最新の検査・診断装置《しんだんそうち》や治療《ちりょう》機器のメカニズムを学び、獣医師《じゅういし》が使用する時に適切にサポートするとか、治療《ちりょう》や手術がスムーズに進められるような準備とサポートの仕方を身につけるとか、個々のレベルを上げるために取り組めることはたくさんあり、レベルアップは自分しだいだと市川さんはいいます。今はいろいろなセミナーや講習会が、オンラインや対面で開催《かいさい》されているため、以前よりはるかに多くのセミナーを受けているそうです。

ずっとこの仕事を続けるために

田中さんも好奇心《こうきしん》や向上心から、いろいろな動物医療《いりょう》の現場を経験してきました。給料は決して高くはなかったけれど、愛玩動物看護師を辞めようと思ったことは一度もなかったといいます。けれど、自分がこうなったら辞めようと決めていることがあるそうです。

夜間救急の病院に勤めていた時のことでした。一日に7頭から8頭の患者《かんじゃ》が亡くなったことがありました。飼《か》い主が待っているので、手早くエンゼルケアをすませなくてはなりません。つぎからつぎへとエンゼルケアをしている時、田中さんはふと無感情になって手を動かしている自分に気付き、ハッとしました。

亡くなった動物や悲しむ飼《か》い主に気持ちを

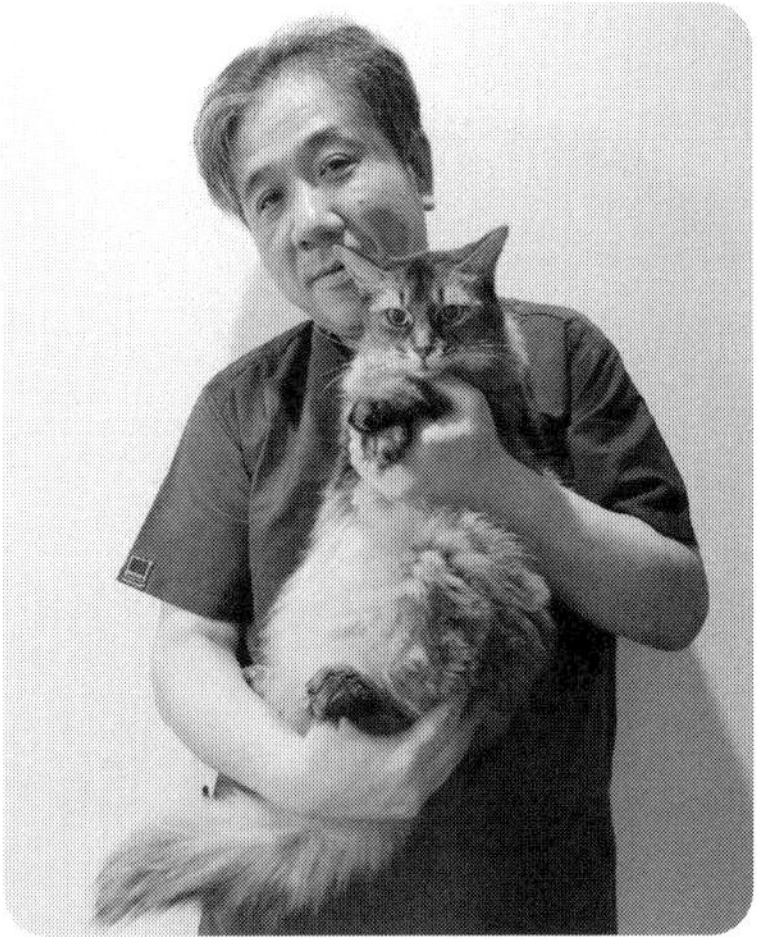
「死の尊厳を守り続けたい」と田中さん

寄せてあげることもせず、機械的に作業をしていることに罪悪感を抱《いだ》きました。もしつぎにこのように、命に対して鈍感《どんかん》になったら、動物看護の仕事を辞めようと思ったそうです。でも、今辞めていないということは、死の尊厳を守って、仕事をしてきたということです。

　こうした動物の看護師としての日々の思い

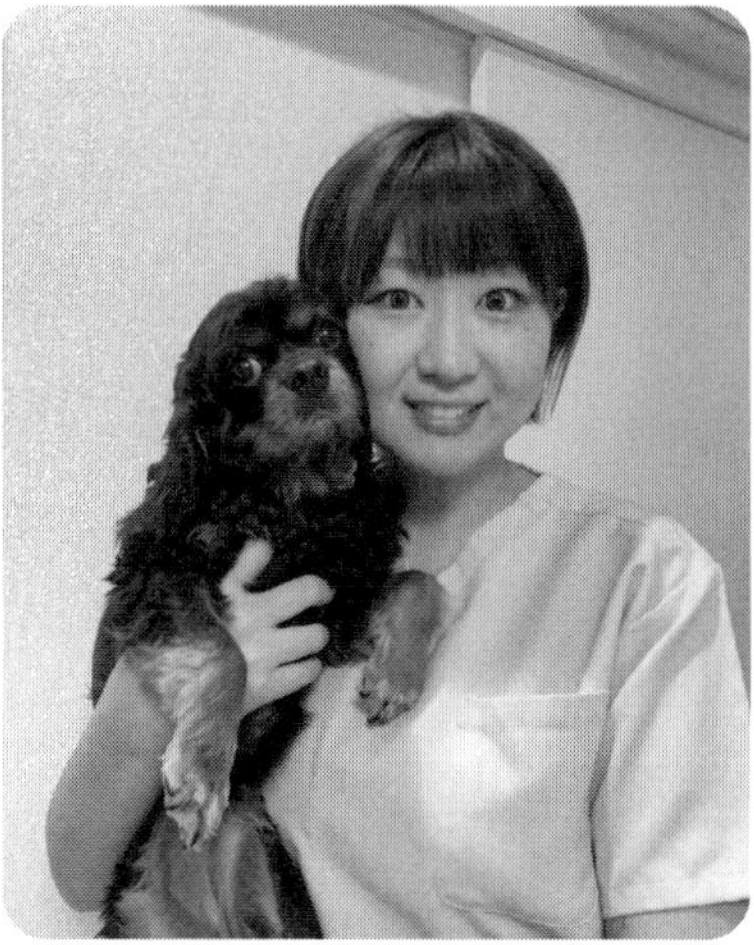

さらなるスキルアップをめざす市川さん

を共有したり、相談し合う場として、田中さんは男性の愛玩動物看護師だけのSNSグループをつくっています。メンバーには一次診《しん》療《りょう》の獣医師《じゅういし》や愛玩動物看護師もいれば、夜間診療《しんりょう》だけ行っている人もいます。また二次診《しん》療《りょう》病院の愛玩動物看護師もいれば、学生もたまに参加してきます。使っている薬の相談や、給料の低さから転職を考えているのだけど、どう思うかといった相談もあったそうです。

　国家資格となった愛玩動物看護師が医療《いりょう》職としてもっと認知されれば、社会的な地位も上がり、おのずと待遇《たいぐう》も改善されるものと、二人は期待しています。愛玩動物看護師がチーム獣医療《じゅういりょう》の一員として積極的に参加できるようになったら、治療《ちりょう》やケアのレベルはかなり上がると考えています。二人はさらにこの現場でがんばろうと思っています。

ミニドキュメント 2 動物の看護師の海外事情とこれからの日本の動物看護

編集部撮影

愛玩動物看護師を育てるために

日本《にほん》獣医《じゅうい》生命《せいめい》科学《かがく》大学《だいがく》獣医《じゅうい》保健《ほけん》看護《かんご》学科《がっか》
小田民美《おだひとみ》さん

最初は人の看護師を志望

小田民美さんは日本獣医生命科学大学獣医保健看護学科で、動物臨床《りんしょう》看護学などを教えている愛玩動物看護師です。２０１９年には動物看護教育を学ぶために渡米《とべい》しました。小田さんが愛玩動物看護師になり、大学で教えることになったいきさつや、アメリカの動物看護事情を聞きました。

小田さんが生まれた時、家ではすでに犬を飼《か》っていたそうです。看護師だった母の姿を見て、小学生の時には人の看護師になりたいと思っていましたが、犬との生活の中で動物看護師という職業があることを知り、思いは変わります。

「中学生にもなると、自分の責任で犬の面倒《めんどう》をみるようになり、動物病院に連れて行くこともありました。その時、お世話になった動物看護師さんの影響《えいきょう》を受け、動物の看護師もステキな仕事だなと思いました」

高校時代、動物看護師になるための学校を探してみると、当時はほとんどが専門学校でした。いろいろ考えていたところ、日本獣医《にほんじゅうい》畜産《ちくさん》大学（今の日本獣医生命科学大学）が2005年に、動物看護師をはじめ動物医療《いりょう》技術者を育てる獣医保健看護学科を設置するというニュースが耳に入りました。2005年は小田さんが高校を卒業する年です。当時、動物看護師になるための4年制コースをもっていた獣医大学は、日本獣医畜産大学だけでした。第一志望だったこの大学に合格し、獣医保健看護学科の第1期生として入学したのです。

動物看護学の教育者への道

小田さんが獣医保健看護学科4年生の時に大学院が設置されることになりました。卒業後は動物看護師として現場で働くことを考えていた小田さんでしたが、獣医保健看護学科長で、研究室指導教員だった左向敏紀《さこうとしのり》先生から、大学院へ進学し教育者になることを勧《すす》められたのです。

当時、獣医保健看護学科の教員は獣医師《じゅういし》だけでした。動物看護学については、果たして学問として確立されているかどうかも、定かではなかった時代だったので、教員側も教えるのに苦労していたのでしょう。

「母の仕事を見ていても、人のほうでは医学と看護学に明確な違《ちが》いがあって、教育内容もそれぞれ確立されている。それなら、動物看護学という学問をきちんと確立させて、獣医師《じゅういし》と動物看護師というのは違《ちが》う職業であること、専門職としての動物看護師の働き方を明確にしていく必要があるのではないか。

学生ながらに疑問や矛盾《むじゅん》を感じていたところに左向先生が、動物たちを救うのは現場で働くだけでなく、専門職として優秀《ゆうしゅう》な動物看護師を育て、たくさん世に送り出すことだ。そうして自分で育てた動物看護師が活躍《かつやく》すれば、結果としてもっとたくさんの動物が救えるようになるのではという言葉に導かれるように大学院進学を決めました。左向先生は指導ができる動物看護学の教育者が必要と考えていたんですね」

こうして小田さんは大学院に進み動物看護の教育にたずさわることを決意しました。修士課程2年、博士課程3年。9年間大学で学んだ後、母校である日本獣医生命科学大学で教員としての道を歩みはじめました。「もちろん臨床《りんしょう》現場の第一線で働きたいという気持ちもありました。しかし、大学には付属の動物医療《いりょう》センターがあるので、現場でも働くことができますし、教育者として未来の動物看護師を育てることも、研究者として獣医療《じゅういりょう》に貢献《こうけん》することで、この先、より多くの動物を助けることもできるかもしれません。臨床《りんしょう》・教育・研究、これら三つのことがすべてできる環境《かんきょう》が整っているのは大学だけなのです」

アメリカの動物看護師事情

そうした大学での日々のなか、2019年にいよいよ動物看護師の国家資格化が決まると、そのタイミングでアメリカに留学しました。すでに動物看護師が公的に資格化されているアメリカで、どのような動物看護教育が行われ、どのように動物看護師たちが働いているか、実際に見てみたかったのです。

　小田さんがインディアナ州にあるパデュー大学に留学を決めたのは、獣医《じゅうい》学科と動物看護学科が設置されていることと、1975年から動物看護師を養成するコースがある、動物看護学分野ではとても歴史のある大学だったからでした。

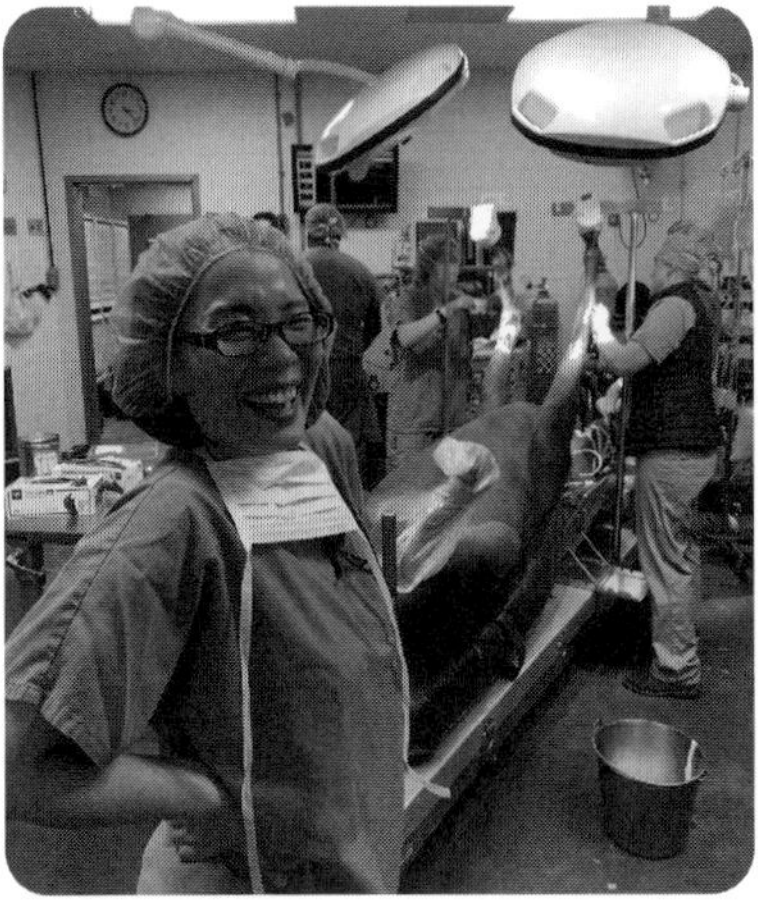
留学時代、大動物診療科で馬の整形外科手術に立ち会う小田さん　取材先提供

　アメリカで動物看護師になるには、日本と同じように動物看護の認定校を卒業し、国家試験を受けます。さらに各州の認定試験に合格してはじめて、認定動物看護師として働くことができるようになります。

　アメリカでは、認定動物看護師には更新《こうしん》制度が設けられていて、初年度は1年間、その後は3年ごとに更新《こうしん》手続きが必要です。資格更新《こうしん》には厳しい条件があるため、高い技術や知識を維持《いじ》しておかなければなりません。

　そうする必要があるのは、アメリカでは獣《じゅう》医師《いし》の独占《どくせん》業務である「診断《しんだん》、予後判定、手術、処方」以外は認定動物看護師がある程度行えるため、現場で常に高いレベルの医療《いりょう》技術を要求されるからです。それにともない、認定動物看護師は社会的な地位が認められていて、給料も高いといいます。

週3日は教育病院での診療科実習

アメリカの大学の授業科目自体は、日本の動物看護系の学校とそれほど大きな違《ちが》いはありませんでした。ただアクティブラーニングが進んでいて、講義中もディスカッションの時間が多いのが印象的だったといいます。

日本と同様、1、2年生は講義と基礎の実習が主となります。ですが、それだけでなく、1年生から模型の動物を使った臨床《りんしょう》実習で十分な訓練を積みます。欧米では動物福祉《ふくし》や生命倫理《りんり》がより厳しく問われるため、1、2年生の臨床《りんしょう》実習で生体を使うことはあまりありません。

そして、3年生以降は週3日間、ローテー

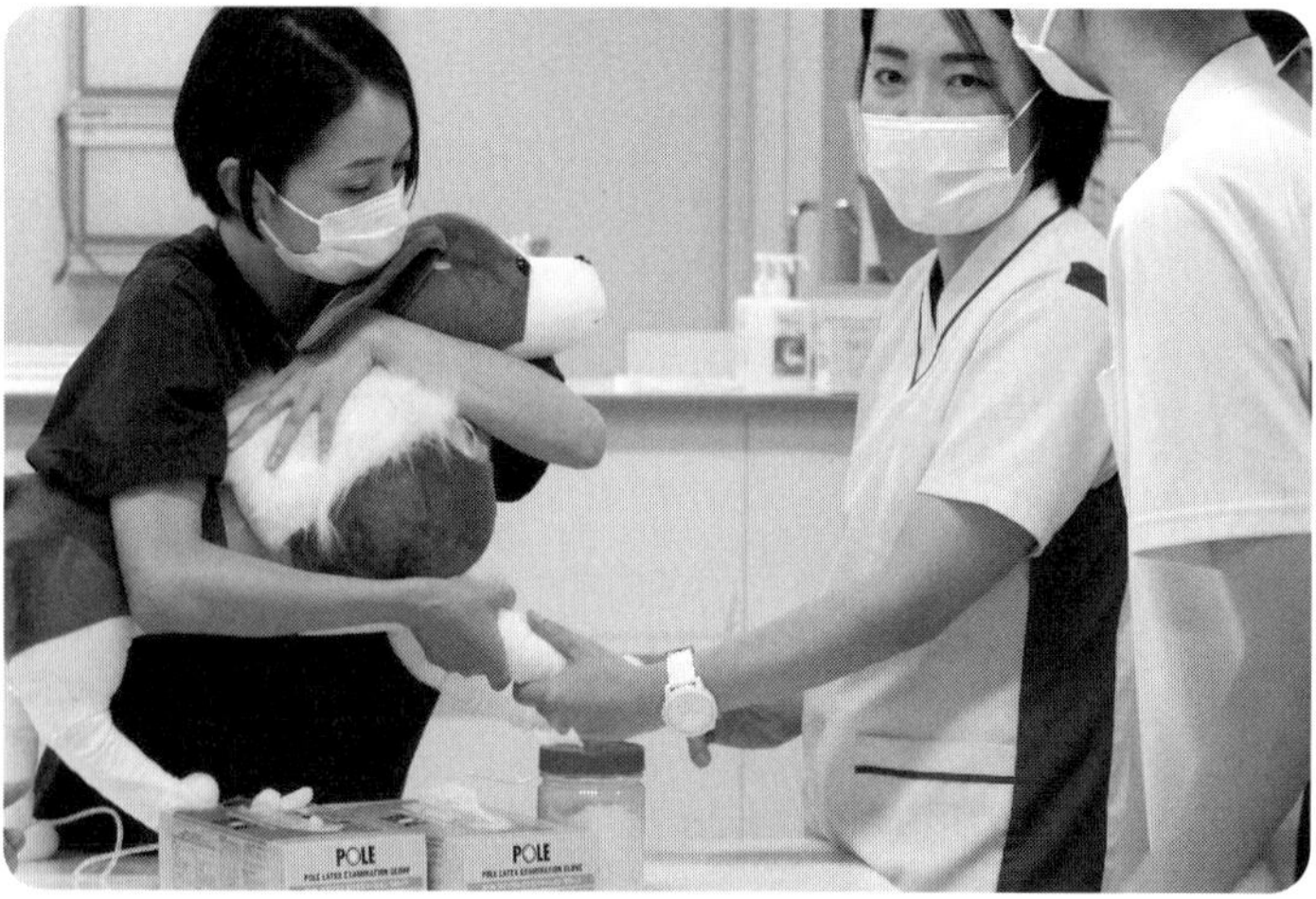

模型を使って、血管の探し方の指導

ションを組んでの診療《しんりょう》科実習を行うため、多くの時間を大学付属の教育動物病院で過ごします。

なぜ、〝教育〟動物病院かというと、大学付属の動物病院は、教育機関としての役割ももっていて、授業、実習の一環《いっかん》として実際の患者《かんじゃ》動物を対象に実践《じっせん》を行うことができます。

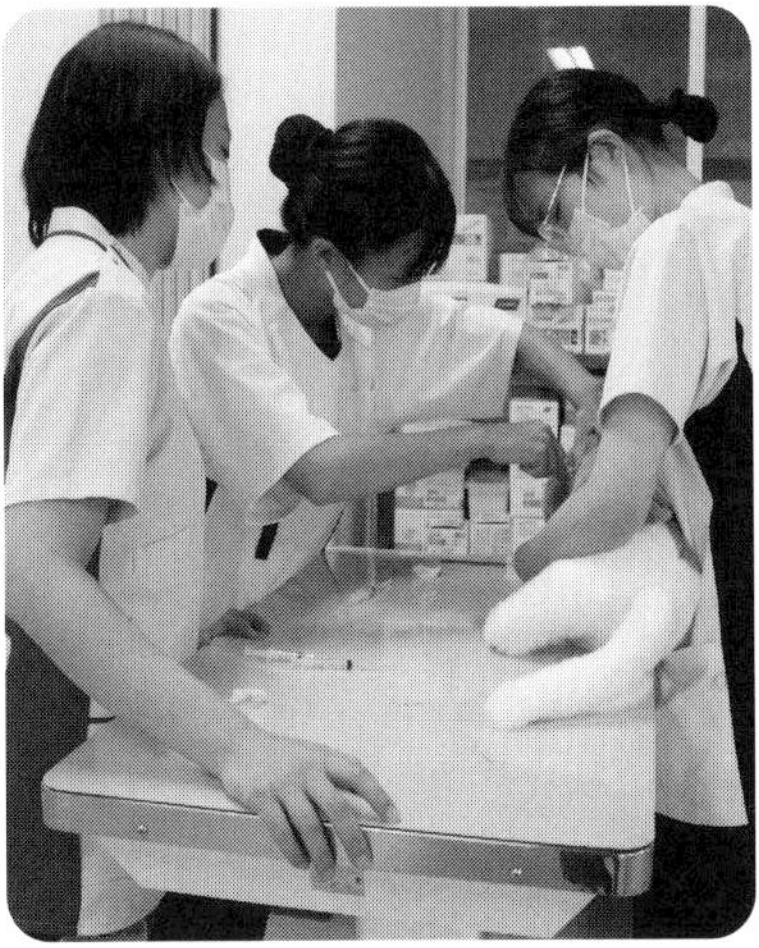

学生一人ひとりに声をかけながら見守る小田さん（左）

アメリカでは患者《かんじゃ》家族は、学生たちが診療《しんりょう》に参加して、自分の動物にふれることを、教育の一環《いっかん》として理解し、進んで協力してくれるといいます。そのため、獣医学科や動物看護学科どちらの学生も、患者動物の採血をしたり、非常に実践《じっせん》的な実習を行えるそうです。

日本獣医生命科学大学の付属動物医療センターは18の専門診療《しんりょう》科に分かれていますが、パデュー大学付属教育動物病院の小動物診療《しんりょう》科は内科、泌尿器《ひにょうき》科、循環器《じゅんかんき》科、皮膚《ひふ》科、腫瘍《しゅよう》科、放射線科など12以上の細かい専門診療《しんりょう》科に分かれています。各科に学生が2〜3人ずつ配属され、1週間ごとにそれぞれの専門診療《しんりょう》科で実習が行われます。

自分が何を大切にするか

アメリカの動物看護の大学では卒業要件と

して1200時間におよぶ現場での臨床《りんしょう》実習が必須の条件とされ、基本的なものからハイレベルな診療《しんりょう》補助技術まで、200項目《こうもく》にも上る技術を、在学中にすべて訓練、実践《じっせん》することが義務づけられています。

アメリカでは人の医療《いりょう》においても、スペシャリストによる治療《ちりょう》が求められる傾向《けいこう》にあり、そのための教育が進んでいます。眼科、外科、皮膚《ひふ》科など専門診療《しんりょう》を行うトップクラスの病院がたくさんあります。人の医師も獣医師《じゅういし》も、専門医になることがひとつのゴールとされています。認定動物看護師もそうです。

アメリカでは認定動物看護師にも16分野の専門認定があり、各科の専門認定をもっている認定動物看護師が、それぞれの専門病院や大学病院などで活躍《かつやく》しています。町中の獣医《じゅうい》師《し》はワクチン接種や健康診断《しんだん》などがメーンで、自分の飼《か》っている動物が病気になった場合には、飼い主はその病気の専門病院か、大学病院に行くかを選ぶことが多いです。

一方、日本ではジェネラリスト（多方面の知識を幅広《はばひろ》く備えた人）、つまり総合的な分野をこなせる獣医師《じゅういし》、愛玩動物看護師が求められてきました。それは、日本ではもともと自分の動物を診《み》てくれていた、かかりつけ医と飼《か》い主との信頼《しんらい》関係が強く、生涯《しょうがい》その信頼《しんらい》するかかりつけ医にお世話になりたいと希望する飼《か》い主が多いからです。そのため、二次診療《しんりょう》の病院を訪ねるのは一部のケースであるようです。

小田さんは「自分の好きな専門分野を見つけて、その現場で活躍《かつやく》する人もいるべきだし、町の小さな病院で、地域の飼《か》い主の動物を生《しょう》涯《がい》にわたってケアするジェネラリストとして

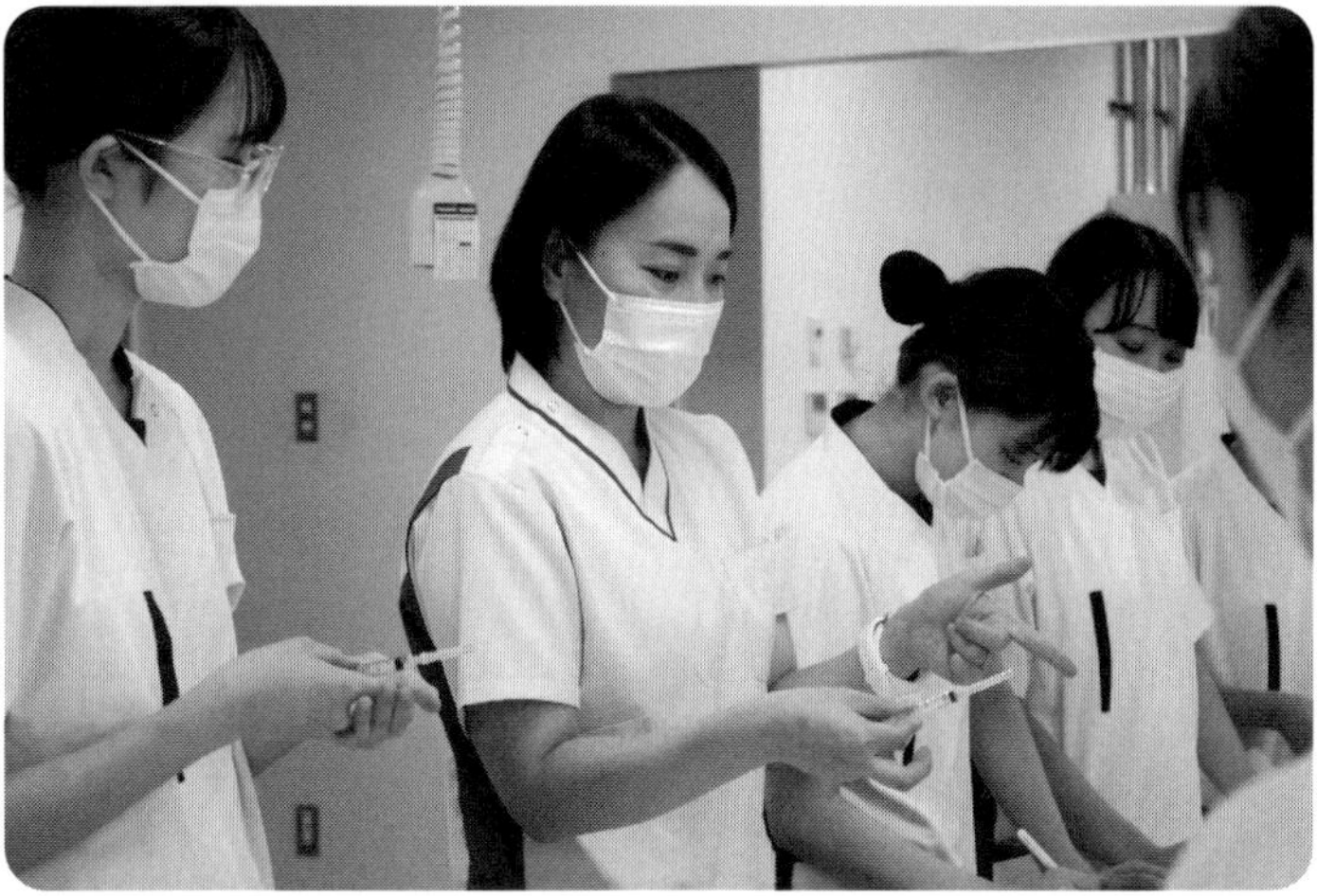
自分のこれまでの経験談も織り交ぜながら指導

活躍《かつやく》していく人もいるでしょう。それぞれが自分の選んだ道で努力するのがいいと思うんです。

医療《いりょう》や獣医療《じゅういりょう》の進歩とともに、患者《かんじゃ》を取り巻く環境《かんきょう》も大きく変化するなか、獣医療者《じゅういりょう》が生涯《しょうがい》にわたり最新の知識や技術を修得し、飼《か》い主のニーズに対応したよりよい治療《ちりょう》を強く求められる時代です。10年後、20年後を見据《みす》えてどのような環境《かんきょう》で何を学ぶのか、自分の能力をどうやってみがくのかをイメージし、それに向かって率先的に学び続けていく姿勢が大切だと思います」とアドバイスしてくれました。

土日祝日は関係なく繁忙期には残業も

診察《しんさつ》時間と勤務時間

愛玩動物看護師の主な勤務先は動物病院などの動物診療施設《しんりょうしせつ》です。動物病院といってもこれまで紹介《しょうかい》してきたように、獣医師《じゅういし》が一人、愛玩動物看護師が2〜3人といった規模の一次診療《しんりょう》の病院から、何人もの獣医師《じゅういし》や愛玩動物看護師がいる一・五次診療《しんりょう》、二次診療《しんりょう》の病院までさまざまです。

勤務時間も病院ごとに異なりますが、一日実働8時間勤務、休憩《きゅうけい》60分が基本です。一次診療《しんりょう》の動物病院の多くは9〜12時、16〜19時までを診察《しんさつ》時間とし、午後の4時間のあいだに休憩《きゅうけい》を取り、検査や入院管理、手術を行います。

ただ勤務時間となると、診療《しんりょう》時間内で終わらないこともよくあるのです。入院動物の容体が変わったり、緊急《きんきゅう》手術が必要になることがあり、診察《しんさつ》時間が終わっても残業することはめずらしくありません。また、ワクチン接種や健康診断《しんだん》が多い繁忙《はんぼう》期は来院する患者《かんじゃ》が増えるため、残業する日も少なくないようです。

休診《きゅうしん》日は平日であることが多く、休診《きゅうしん》日は一日のみの病院もあれば、火曜日の午後と水曜日というように1・5日休診《きゅうしん》にしている病院もあります。予防接種や健康診断《しんだん》など緊急《きんきゅう》性のない診察《しんさつ》でも、土日や祝日に訪れる飼《か》い主が多いため、土日を診察《しんさつ》日にしている病院がほとんどです。愛玩動物看護師の休日は休診《きゅうしん》日か、スタッフが数人いる場合はシフト制で週に2日休みを取っています。

シフト制で勤務する場合

二次診療《しんりょう》の動物病院はまた少し異なります。たとえば、ある高度医療施設《いりょうしせつ》の診察《しんさつ》時間は9時30分〜16時ですが、救急対応や重い病気やケガの入院動物の管理があるため、愛玩動物看護師の募集要項《ぼしゅうようこう》に記載《きさい》されていたフルタイムの勤務時間は7〜16時、11〜20時、13〜22時、21時30分〜翌7時30分というシフト制になっていました。休憩《きゅうけい》時間は60分以上取っていて、診察《しんさつ》の休診日は金曜日だけですが、スタッフは交代で週2日休みを取ります。

また、ほかの総合動物病院の診療《しんりょう》時間は、平日は10時〜12時30分、16時〜18時30分です。

休診日《きゅうしん》はなく年中無休です。愛玩動物看護師は、シフト制で週に2日休日を取っているということでした。

シフトはたいてい固定ではないので、不規則な勤務になることもあります。「週末が休みの友人とは、なかなかいっしょに出かけられない」という声も聞きますが、ある動物病院では勤務時間や勤務日数を相談のうえ、パートタイムで働く愛玩動物看護師が何人もいると聞きました。今後はライフスタイルに合わせた働き方ができるようになる

入院患者がいる病院などではシフト制で24時間体制

かもしれません。

施設《しせつ》の規模や経験年数によって幅《はば》がある年収

愛玩動物看護師の給与《きゅうよ》については、動物病院の規模や勤務地、経験年数などによって変わります。そのため給与《きゅうよ》の平均が出しにくいというのが正直なところです。また「国家資格をもっている愛玩動物看護師」としての年収や給与《きゅうよ》の統計はまだ算出されていないので、以下のデータは、これまでの動物看護師を対象にしたものといえます。

日本動物看護職協会が２０２０年に行った「動物看護師の勤務実態調査」によると、アンケートを取った半数が年収２４０万円未満ということでしたが、厚生労働省《こうせいろうどう》の「令和４年賃金構造基本統計調査」の結果から算出した認定動物看護師の平均年収は３１２万円との記述がありました。求人募集《ぼしゅう》の告知や、厚生労働省の職業情報提供サイトなどから割り出された一般《いっぱん》的な年収はかなり幅《はば》がありますが、２００万円から４００万円のあいだといわれています。

給与《きゅうよ》や待遇《たいぐう》は改善傾向《けいこう》に

平均月給はこちらも幅《はば》があり、17万～25万円前後です。時給は経験やスキルに応じて異なりますが、１０００〜１４００円といったところでしょうか。ある愛玩動物看護師が、一度だけ辞めようと思った理由が「働きに見合わない月給の安さだった」と話してくれました。でも動物が好きで、この仕事が好きだったから辞めなかったとのことでした。

月給や年収だけでなく、待遇《たいぐう》や手当も勤務する病院ごとに異なります。社会保険などの福利厚生や産前産後休暇《きゅうか》・育児休暇《きゅうか》の制度などが手厚い病院もあれば、限られたものしかない場合もあります。

ある二次診療《しんりょう》の病院では、待遇《たいぐう》の休日休暇《きゅうか》の欄《らん》に「産前産後休暇《きゅうか》、育児休暇《きゅうか》、その他特別休暇《きゅうか》」のほかに、「飼育《しいく》ペットの死亡時の休暇《きゅうか》制度あり」と書かれていました。さらに福利厚生として「飼育《しいく》動物への補助」もあるとのこと。自分でも動物を飼《か》っている愛玩動物看護師が多いので、そこに着目した待遇《たいぐう》の配慮《はいりょ》を感じます。

心身の健康維持《いじ》に気をつかおう

愛玩動物看護師は手指を使う細かい仕事も多いのですが、動物を抱いたり、保定したり、検査や手術の準備で動き回ったり、実は体力勝負の仕事といっても過言ではありません。腰痛《ようつう》は職業病だと言っていました。長く続けるためには、自身の健康にも気をつかう必要があります。

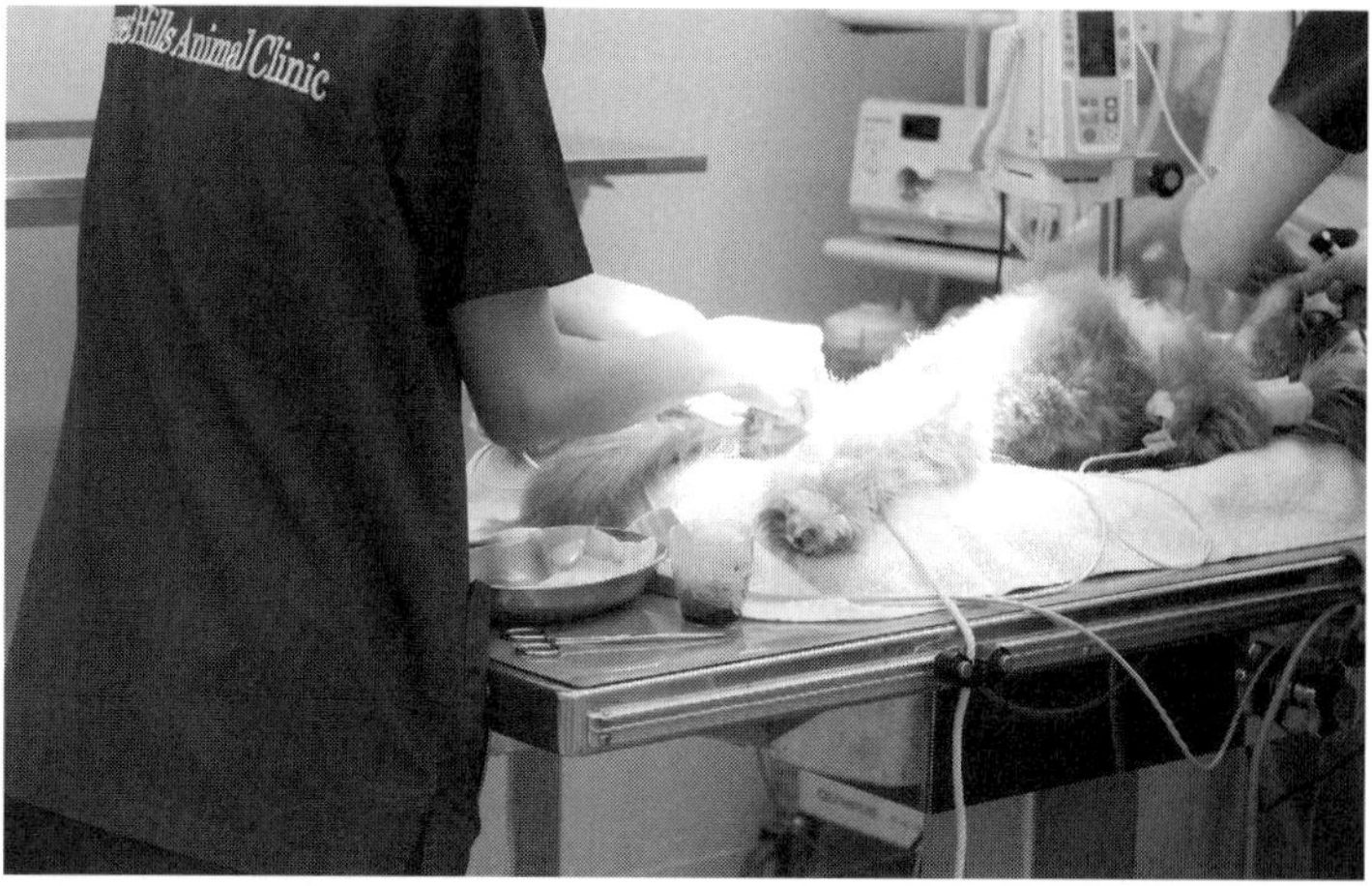

緊迫する場面も多い現場なので、しっかり休養をとることが大切

また、職場は動物の命に向き合うシビアな現場です。飼《か》い主の言葉に胸を痛めることがあるかもしれません。上手に息抜《いきぬ》きをして心と体を整え、患者《かんじゃ》と飼《か》い主のために貢献《こうけん》してください。

給与《きゅうよ》の面では満足度があまり高くないことは事実ですが、動物の看護職が国家資格となったことで、改善されていくと考えられています。仕事の幅《はば》も増えたので、専門性を高めることができれば、給与《きゅうよ》にも反映されることが期待できます。

愛玩動物看護師のこれから

国家資格となったことで働き方に選択肢が増える

地位を築くには時間がかかる

動物の看護職には女性が多いのですが、これまで女性にとって働きづらい環境《かんきょう》が長く続いてきました。たとえば結婚《けっこん》や出産、子育てとの両立がなかなか難しく、さらには一度辞めると復帰しにくいといった状況《じょうきょう》にありました。愛玩動物看護師が国家資格にはなったものの、まだ給与《きゅうよ》面でも改善されたわけではありません。

人の看護師は人数も多く、働き方も確立されていて、給料も保障されています。それに対して、74ページのミニドキュメント1で紹介《しょうかい》した東京農工大学小金井動物救急医療センターの田中謙次さんはつぎのように話していました。

「人の医療《いりょう》界でも、はじめから看護師という資格があったわけではありません。最初に誕《たん》生《じょう》した時は多分、今の愛玩動物看護師と同じような環境《かんきょう》だったと思うんです。先代の看護師さんたちが医療《いりょう》界に貢献《こうけん》し、長い時間をかけて今の地位を築いてきたわけです。一朝一夕《いっちょういっせき》に変わったわけではありません。愛玩動物看護師もこれからそうなっていくといいと思います」

獣医師《じゅういし》の理解は不可欠

愛玩動物看護師という職業はまだ社会的に広く認知されていないかもしれません。動物を飼《か》っていない人はもとより、飼《か》っている人でさえも愛玩動物看護師と名乗る意味や国家資格の重さを理解している人は多くないでしょう。

82ページのミニドキュメント2に登場した日本獣医生命科学大学の小田民美さんも「たくさんの人たちに、愛玩動物看護師は国家資格になったんだと知ってもらいたい。国家資格を取得しなければ、愛玩動物看護師は名乗れないのだから、きちんと勉強して正しい知識と技術を身につけた人なのだということを知ってもらいたいですね。

愛玩動物看護師が動物医療《いりょう》において重要な仕事だと広く知られ、みんながめざすようになれば、学問としてもみがかれていくのではないでしょうか。愛玩動物看護師としての働き方が定まり、獣医師《じゅういし》とはまた別の職業として、一目置かれるようになることを望んでいます」と語っていました。

たとえば子育てや介護《かいご》でいったん職を離《はな》れても、また復職できる環境《かんきょう》や、パート勤務や時短勤務など、その人のライフスタイルに合った働き方ができるなど、多様な働き方が認められることが期待されています。社会的な地位も「これから」という職業ですが、それを実現する力をもっているのは、愛玩動物看護師をめざし、実際に現場で活躍《かつやく》するみなさんです。

国家資格の取得がゴールではない

まだ社会的に広く認知されていなくとも、愛玩動物看護師が国家資格になったことは、やはり大きな一歩だと小田さんは言います。

獣医師《じゅういし》や愛玩動物看護師が何人もいる二次診《しん》療《りょう》の施設《しせつ》だと、愛玩動物看護師が採血や検査を

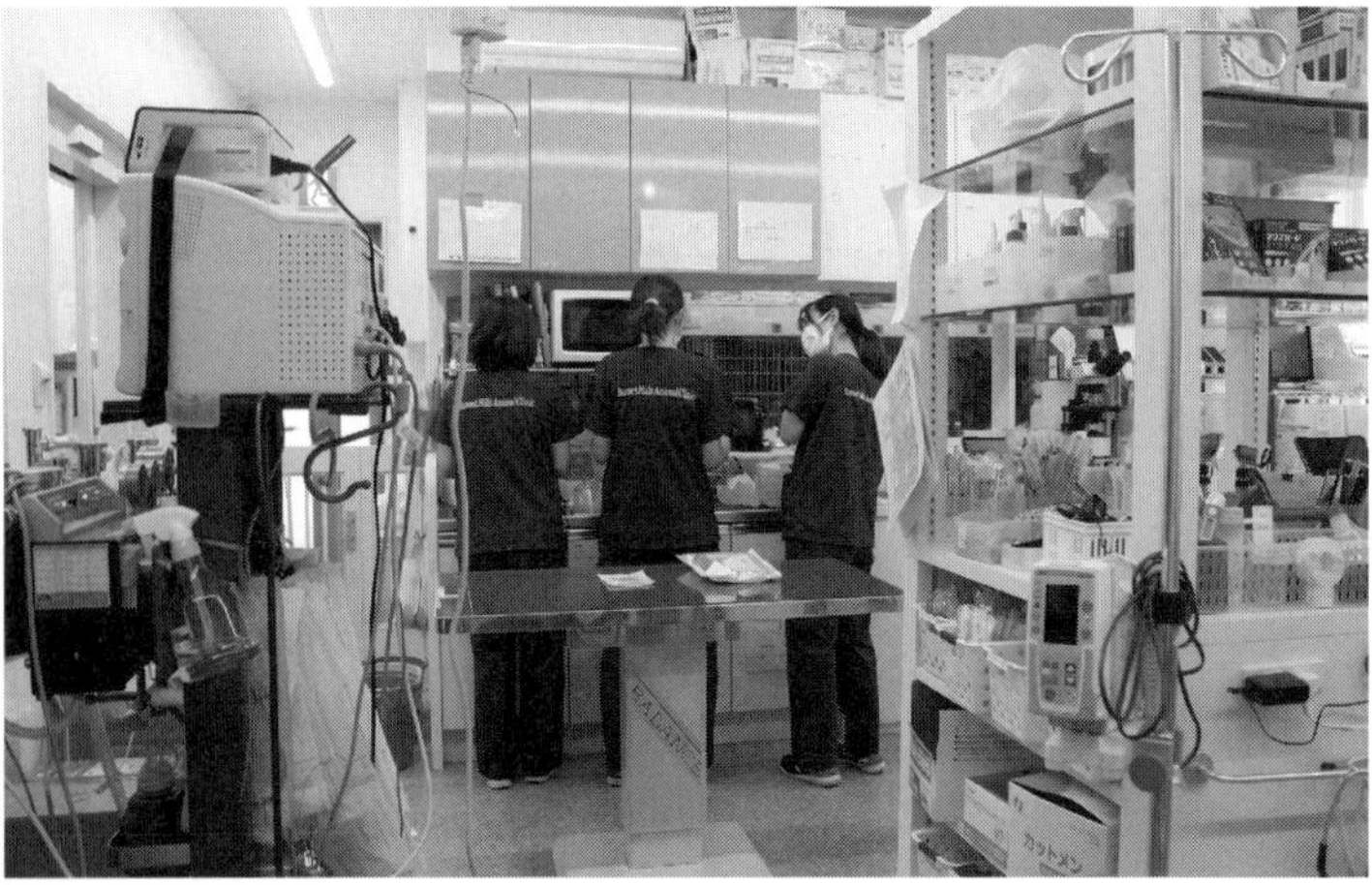

正社員もいれば、あえてパートで働く愛玩動物看護師も

進められれば、獣医師《じゅういし》は飼《か》い主の話を十分に聞き、ていねいに時間をかけて病気や治療《ちりょう》に関する説明をすることができ、より多くの患者《かんじゃ》を助けることができます。動物の医療《いりょう》も人の医療《いりょう》同様、役割分担を進めていけば、高度医療《いりょう》にもさらに対応していけるのではないかと考えられています。

二次診療《しんりょう》では軟部《なんぶ》外科や整形外科、腫瘍《しゅよう》科、皮膚《ひふ》科、消化器科、循環器《じゅんかんき》科など診療《しんりょう》科も細分化されています。専門性を高めて、得意分野で活躍《かつやく》する愛玩動物看護師も増えていくかもしれません。

そういったスペシャリストが必要となる一方、それらの診療《しんりょう》科に広く対応する一次診療《しんりょう》施設《しせつ》の愛玩動物看護師はジェネラリストとして不可欠な人材です。二次診療《しんりょう》にかかることなく、生涯《しょうがい》をかかりつけ医に診《み》てもらったという犬や猫《ねこ》はたくさんいます。かかりつけの獣医師《じゅういし》と愛玩動物看護師は飼《か》い主にとって、飼《か》い主本人と大切な犬や猫《ねこ》のQOL（クオリティー・オブ・ライフ―生活の質）を支える存在なのです。

また、人間の社会も犬猫《いぬねこ》も高齢《こうれい》化し、在宅介護《かいご》が必要な時代になっています。動物の訪問看護や訪問介護《かいご》なども、愛玩動物看護師が活躍《かつやく》できる分野です。すでに高齢《こうれい》の犬猫《いぬねこ》の介《かい》護《ご》や術後のケア、歩行リハビリなどのケアサービスを提供している組織や、往診《おうしん》専門や自宅訪問型の動物病院も存在します。

動物病院以外にも活躍の場が

動物が人に与《あた》える影響《えいきょう》の重要性や愛玩動物の社会的な意義については、すでに広く研究されてきました。愛玩動物看護師が国家資格になった時、農林水産省は人と動物のかかわり方として注目される動物介在《かいざい》教育（ＡＡＥ）や動物介《かい》在《ざい》活動（ＡＡＡ）のサポート、日常的な健康管理が必要なペットショップやペットホテルなどの施設で、指導的な役割を果たす動物取扱《とりあつかい》責任者になるなど、診療《しんりょう》の補助や看護以外にも、愛玩動物看護師の幅広《はばひろ》い活躍《かつやく》が期待されていることを強調していました。

小学校などを訪問して行う動物介在《かいざい》教育のチームや、高齢者施設《こうれいしゃしせつ》などでセラピー活動を行う現場に愛玩動物看護師がいれば、どれほど心強いだろうと思います。また、ペットショップやペットホテルなどで何かあった時にも、愛玩動物看護師が勤務していれば、他の

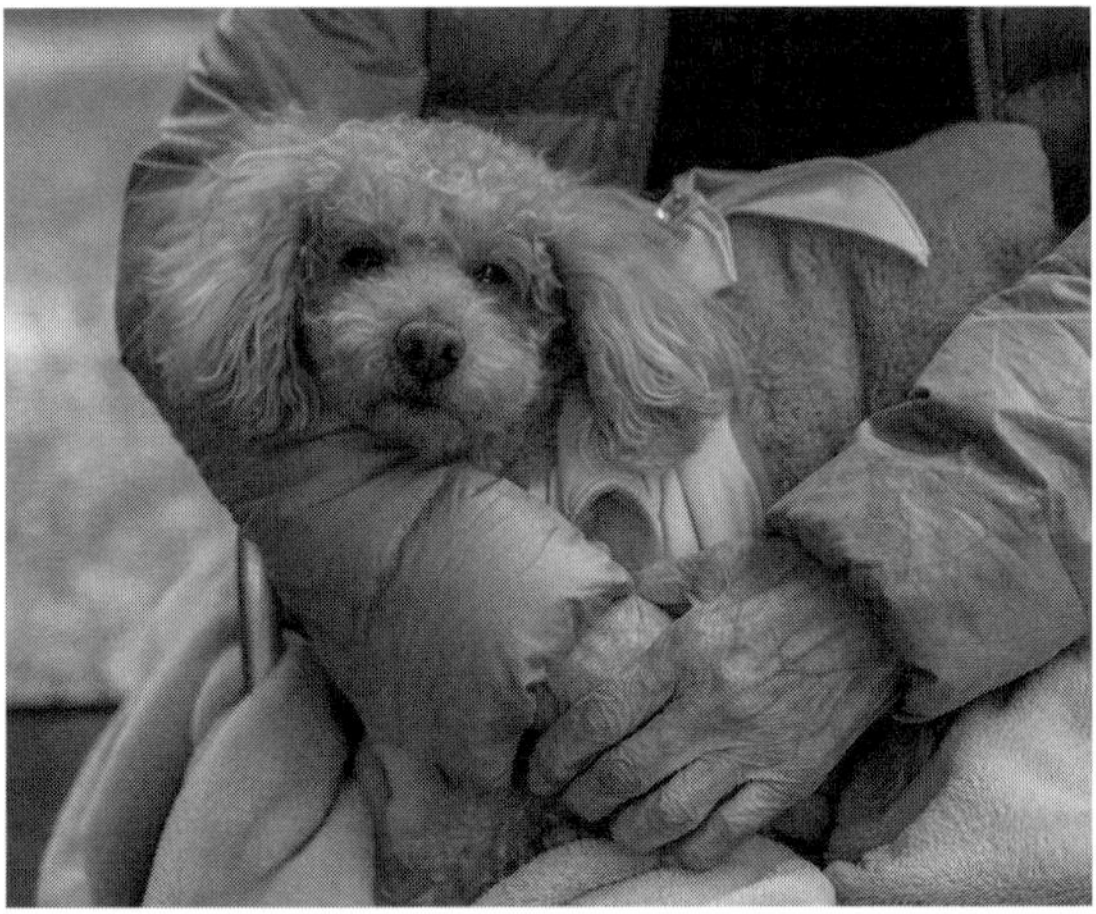

愛玩動物看護師が高齢者施設で AAA を主導することも

スタッフは安心して働くことができ、動物たちのためにもなるのではないでしょうか。67ページの図表1にあるように、いろいろな活躍《かつやく》の仕方があることを頭に入れておいてください。そして、みずから働き方を切り開いていってください。

現在の日本の制度で、愛玩動物看護師が診療《しんりょう》の補助の対象とするのは、主にペットとして家庭で飼《か》われている犬や猫《ねこ》などの愛玩動物です。その理由は、もともと日本では産業動物をペットとして飼《か》ってこなかったからだといいます。産業動物とは牛、豚《ぶた》、鶏《にわとり》など乳や肉などの生産にかかわる動物、畜産《ちくさん》業にかかわる動物のことです。もちろんミニブタや鶏《にわとり》をペットとして飼《か》っている人もいますし、愛玩動物以外でも診療《しんりょう》の補助を除けば、いろいろケアしてあげることはできます。

でも、産業動物は基本的にその動物を飼育《しいく》している酪農家《らくのうか》の人たちが世話をし、何かあれば獣医師《じゅういし》に相談してきました。酪農家《らくのうか》の人たちは公衆衛生も含《ふく》め、健康管理などの知識を十分にもっています。そのためアメリカのように産業動物に対する動物看護師の需要《じゅよう》はありませんでした。

けれど、たとえば競走馬をはじめ、動物園や水族館などの希少動物、保護された野生動物などには高度獣医療《じゅういりょう》が必要です。こうした分野においても、いつか愛玩動物看護師が活躍《かつやく》する日がくるかもしれません。そんな夢を語ってくれた愛玩動物看護師もいました。

Column

災害時、人と動物を支える動物支援《しえん》ナース

　２０１８年、人と動物の防災・減災に関する普及《ふきゅう》啓発《けいはつ》と災害支援《しえん》を行う動物支援《しえん》ナースという組織が結成されました。隊員は、みな千葉《ちば》科学大学《かがくだいがく》動物危《どうぶつき》機《き》管理《かんり》教育研究《きょういくけんきゅう》センターで「災害時獣医療《じゅういりょう》支援《しえん》人材養成プログラム」を学び、災害支援《しえん》動物危機管理士®の資格をもつ愛玩動物看護師です。１章で紹介《しょうかい》した圓尾文子さんもその一人です。また、同じく１章に登場した田崎圭悟さんが、学生時代に実習に行った志村坂下動物総合医療センターは、動物支援《しえん》ナースが所属する動物病院のひとつです。

　動物支援《しえん》ナースの運営母体である一般《いっぱん》社団法人ひとtoペットの代表者は、動物危機管理教育研究センターの上席研究員として、このプログラムの作成にかかわった西村裕子《にしむらゆうこ》さんです。西村さんは動物看護師になった後、人の看護師になって経験を積み、その後、動物看護師の養成校で教員を務めたという異色の経歴のもち主です。

　動物支援《しえん》ナースの理念は「人も動物も」「声にならない声をひろう」というもの。災害時、もちろん動物は声をあげられません。障害のある方も、またペットの飼《か》い主も。そして被災《ひさい》した人たちも、なかなか声をあげられないのです。そんな声にならない声をひろい、取りこぼさないよう、ペットが苦手な人や動物アレルギーの人たちにも、愛玩動物看護師が集まっている団体だからこそ行える支援《しえん》を大切にしたいと、西村さんは考えています。

　隊員は全国各地にいて、速やかに連携《れんけい》できるチームづくりに努めています。ふだんはペット防災セミナーや講演会の開催《かいさい》やペット同行避難《ひなん》訓練の支援《しえん》、動物指導センターでのボランティアトリミングなど、各地でさまざまな普及啓発《ふきゅうけいはつ》活動を行っていますが、隊員の住む地域で災害が発生した時には現地に駆《か》けつけ、他の都道府県にいる隊員は必要な物資を集めて送るなどの後方支援《しえん》を行います。２０２４年元日

に起きた能登《のと》半島《はんとう》地震《じしん》でも、新潟《にいがた》県在住の隊員が避《ひ》難所《なんじょ》を訪ね、できる範囲《はんい》で活動したそうです。

動物支援《しえん》ナースでは、自分やペット、家族のプロフィールから、ペットについてはしつけの状況《じょうきょう》や病気、飲んでいる薬、そのほか持ち出し品リストや備《び》蓄品《ちくひん》など、災害に備えて必要な情報が記入できる「マイ・タイムライン防災手帳」を制作しました。

この手帳には「目標」を書く所があるのですが、西村さんがいちばんこだわっているのが目標の設定だそうです。たとえば「猫《ねこ》のクロといっしょに安全に避難《ひなん》すること」を目標にするなら、それに必要なものを準備します。目標があると目標に準じた行動が始まるのです。「行動は小さなことからコツコツと。行っていないことは、災害時に実践《じっせん》できません。平時から、実際に行動することが何より大切です」と西村さんは言います。マイ・タイムライン手帳が手に入るイベントやセミナーの情報は動物支援《しえん》ナースのホームページに掲載《けいさい》されています。

3章

なるにはコース

動物を救うことは社会を守ること　その意識を大切に

動物も人も好きでなければ

「動物を好きで、動物たちを救いたいというその気持ちは才能なんです。だから、それは絶対にもっていなければいけないと思います。ただ、それだけでは、特に獣医療《じゅういりょう》の現場ではつらいです」

そう話してくれたのは、ヤマザキ動物《どうぶつ》専門学校の教員、橋本直子《はしもとなおこ》さんです。加えて同校教員の藤波由香《ふじなみゆか》さんが「好きでなければできないけれど、好きというだけではできない仕事」と言いました。病気やケガでつらい思いをしている動物を、目の当たりにしなければなりませんし、死にも直面します。それでもやはり「好きだから助けてあげたい」という初心を大切にしていれば乗り越《こ》えられると言います。

橋本さんがさらに重要なことを指摘《してき》しました。

「動物が好きということも重要ですが、愛玩動物《あいがんどうぶつ》看護師が対象としている動物たちの背景には、必ず飼《か》い主さんがいます。動物は自分で病院を選んで来るわけではありません。選んでくれた飼《か》い主さんときちんと信頼《しんらい》関係を築いて、そのうえで動物たちを任せていただく。愛玩動物看護師は飼《か》い主さんに信頼《しんらい》してもらえないと、動物が救えないんですよ。人と相対する仕事。だから、人も好きでなければできない仕事なんです」

コミュニケーション能力は必須《ひっす》

動物病院だからといって、動物だけ相手にしていればいいわけではなく、橋本さんが言うように飼《か》い主とも話をするし、当然獣医師《じゅういし》とも仲間同士でも話をします。獣医療《じゅういりょう》現場ですから、病状をはじめ命にかかわる大事なことを話し合わなければなりません。それこそわかりやすく伝える力、意思を伝達し合うコミュニケーション能力は必要です。

チーム医療《いりょう》の重要性が叫《さけ》ばれていますが、十分なコミュニケーションがあってこそ協働できるのです。特に連携《れんけい》することが必要な救急医療《いりょう》の現場では、正確で円滑《えんかつ》なやりとりなくして治療《ちりょう》は進みません。

「愛玩動物看護師をめざしていて、もし自分にそれが欠けていると思うなら、コミュニケーション能力を上げる努力をしたほうがいい」とは、先輩《せんぱい》たちからのアドバイスです。できるなら高校時代からアルバイトやボランティア活動などをして、さまざまな年齢《ねんれい》層の人と話すなど、意識的にほかの人とかかわるよう心がけることが大事だとのことでした。

自分だけの強みをもとう

また、藤波さんは「ここに病気の動物がいたとしても、獣医師《じゅういし》としての視点と、愛玩動物看護師としての視点とはまったく違《ちが》う」と言いました。獣医師《じゅういし》は病気を診《み》る、この「診《み》る」は診察《しんさつ》するという意味。愛玩動物看護師は動物を看る、この「看る《み》」は世話をするという意味だといいます。手と目で成り立っている「看」という字は、まさに手と目で患者《かんじゃ》の状態を観察しケアをすることを意味しているのです。獣医師とも異なる専門職としての自覚をしっかりもつこと、それがこれからの愛玩動物看護師に求められる意識です。

さらに「特化した自分だけの分野を深めていくようにするといい」と、橋本さんがつけ加えました。橋本さんは猫《ねこ》が大好きなので、猫《ねこ》については広く深く勉強し、豊富な知識をもっていました。獣医師《じゅういし》より猫《ねこ》そのものに関する知識があったため、動物病院に勤めていたころは、獣医師《じゅういし》から「あの種類の猫《ねこ》の○○はどうなの？」などと、よく聞かれていたといいます。

「うさぎのことは○○さんに聞け」とか「それぞれの犬種の特徴《とくちょう》は○○さんがいちばんよく知っている」など、ほかの人にない強みをもつことを勧《すす》めています。そうした知識は診《しん》療《りょう》のサポートに役立つだけでなく、飼《か》い主との話題づくりにも役立ち、信頼《しんらい》を得る手段にもなります。

職業人として一般《いっぱん》的に望まれること

動物が好き、人が好き、コミュニケーション能力があること以外に、愛玩動物看護師にはどんな性質や能力が必要かを何人かの教員に尋《たず》ねたところ、

・向上心や探究心があること
・素直で協調性があること
・責任感があること
・観察力があること
・臨機応変に対応できること

などをあげていました。また2章の「生活と収入」の項《こう》に書いたように、愛玩動物看護師の仕事は体力勝負という側面もあるので、体力や忍耐力《にんたいりょく》はあったほうがいいでしょう。

動物の命を預かる仕事である愛玩動物看護師にとって、観察力とはどういうことをさす

のでしょうか。また、どういう時に臨機応変な対応が必要なのか、といったことを考えることも、この仕事への理解につながります。

コンパニオン・アニマルの力

人はなぜ動物を飼《か》うのでしょうか。一般《いっぱん》社団法人ペットフード協会《きょうかい》が行った2023年の全国犬猫《いぬねこ》飼育《しいく》実態調査（推計値）によると、犬の飼育《しいく》数は約684万4000頭で、猫《ねこ》は約906万9000頭でした。前年に比べ、合計で2万3000頭ほど増え、約1591万3000頭の犬や猫《ねこ》が飼育《しいく》されています。2023年4月時点の15歳《さい》未満の子どもの数がおよそ1435万人なので、日本では子どもの数より、家庭にいる犬や猫《ねこ》の数のほうが多いことになります。

犬や猫《ねこ》は単にかわいがる対象としてのペットというより、家族の一員として生活をともにするパートナーという意味で、コンパニオン・アニマル（伴侶《はんりょ》動物）という考え方も浸《しん》透《とう》してきました。高齢者《こうれい》1万人以上を対象に、3年半にわたって健康状態を追跡《ついせき》した調査によると、犬を飼《か》っている人は飼《か》ったことがない人に比べて、介護《かいご》が必要になったり、亡くなったりするリスクが半減することがわかりました。

人と動物の絆《きずな》を結ぶ尊い仕事

高齢《こうれい》者に限らず、動物とともに暮《く》らし、動物とふれあうことで、私たちは心が豊かになり、体も健やかになれます。動物たちは存在しているだけで、人間社会にいい影響《えいきょう》を与《あた》えてくれるのです。この考え方をヒューマン・アニマル・ボンド（人と動物の絆《きずな》）といいますが、ここでいうヒューマンは単に「人」をさすのではなく、「人間社会、社会全体」をさすと考えてください。

日本《にほん》獣医《じゅうい》生命《せいめい》科学《かがく》大学の教員の小田民美《おだひとみ》さんは「ヒューマン・アニマル・ボンドの考え方からすると、人間の社会によい影響《えいきょう》を与《あた》えてくれる動物たちを救うということは、人間社会をよくしているということにつながります。そこを見すえて、仕事ができるかどうか。人間動物を救うことは、最終的には人間の生活や社会を守ることになる、ということを忘れないでほしい」ときっぱり言いました。

日本《にほん》動物《どうぶつ》病院《びょういん》協会《きょうかい》ではヒューマン・アニマル・ボンドの説明につぎのように綴《つづ》っています。「人と動物がみんな同じように健康で幸せに生きていくことができたなら、それは社会全体への幸福へとつながるものだと信じています」。

愛玩動物看護師の仕事は、社会全体の幸福につながる仕事だということです。

愛玩動物看護師養成校で学ぶこと

国家資格を取るために認定校で必須科目を学ぶ

愛玩動物看護師になりたいと思ったら

愛玩動物看護師の国家資格を取得するには、国の認可を受けた愛玩動物看護師を養成する大学や都道府県知事の指定を受けた専門学校で学ぶ必要があります。２０２４年4月現在、認可を受けた大学は全国に14校あり、指定を受けた専門学校は79校あります。ただし農林水産省《のうりんすいさん》と環境省《かんきょう》のホームページに掲載《けいさい》されている養成校以外でも、指定の手続きを進め、認可されている場合があるので、希望する養成校の指定状況《じょうきょう》は自身で確認するようにしてください。

愛玩動物看護師に必要な基本的な力を養う

ここでは、指定を受けた専門学校で学ぶ内容を紹介《しょうかい》しましょう。

愛玩動物看護師は獣医師《じゅういし》の診療《しんりょう》のサポートをし、動物の健康や命を預かる重要な役割を果たします。専門学校ではそのための知識と技術を学びます。

たとえば、動物看護教育をリードし、1985年から3年制の一貫《いっかん》教育を実施《じっし》してきたヤマザキ動物《どうぶつ》専門学校では、動物に関する仕事に必要な動物看護・臨床《りんしょう》検査・動物リハビリテーション・栄養管理・動物歯科・グルーミング・トレーニングの7分野の知識と技術を身につけ、動物看護の世界に貢献《こうけん》できる実践力《じっせんりょく》を身につけていきます。

命に向き合う現場では生命倫理《りんり》について考えさせられることもあるでしょう。高校ですでに生命倫理《りんり》の授業を受けた人もいるかもしれませんが、人中心の視点ではなく、動物の尊厳や権利の尊重から、具体的な課題として安楽死や動物実験について考える授業を大切にしています。

習得する技術を模型で実習

臨床《りんしょう》現場の技術的なことだけでなく、動物のQOLを上げられるよう日頃《ひごろ》の栄養管理、

図表4 愛玩動物看護師教育課程の一例

		1年次	2年次	3年次
教養教育科目		生物学 動物とアートⅠ 英語 コンピュータリテラシⅠ（基礎） アッセンブリーアワーⅠ	動物とアートⅡ キャリアマネジメント アッセンブリーアワーⅡ	動物文化論 コンピュータリテラシⅡ（応用） アッセンブリーアワーⅢ
専門教育科目	専門基礎科目	**生命倫理・動物福祉** **動物形態機能学Ⅰ** **動物看護学概論** **動物感染症学Ⅰ（免疫学）**	**動物形態機能学Ⅱ（生理学）** **動物行動学** **動物栄養学Ⅰ（基礎）** **動物病理学** **動物薬理学Ⅰ（基礎）** **動物感染症学Ⅱ（微生物学）** **公衆衛生学Ⅰ**	**動物繁殖学** **動物栄養学Ⅱ（臨床）** **比較動物学（野生動物、産業動物、実験動物）** **動物看護関連法規** **動物愛護・適正飼養関連法規** **動物薬理学Ⅱ（応用）** **動物感染症学Ⅲ（感染症学）** **公衆衛生学Ⅱ（ヒトと動物の共通感染症）**
	専門科目	**動物内科看護学Ⅰ（基礎）** **動物臨床看護学総論** **動物臨床看護学各論Ⅰ（基礎）** **動物臨床検査学** **動物医療コミュニケーション** **愛玩動物学Ⅰ（愛玩動物特性）** **愛玩動物学Ⅱ（エキゾチックアニマル特性・ケア）** **動物形態機能学実習** **動物内科看護学実習** **動物臨床検査学実習** **動物愛護・適正飼養実習** **動物看護総合実習Ⅰ** コンパニオンアニマルケア実習Ⅰ（基礎） ドッグトレーニング実習Ⅰ（基礎）	**動物内科看護学Ⅱ（応用）** **動物外科看護学Ⅰ（基礎）** **動物臨床看護学各論Ⅱ（応用）** コンパニオンアニマルケア論 ドッグトレーニング論 動物応用看護学実習 **動物外科看護学実習** **動物看護総合実習Ⅱ** コンパニオンアニマルケア実習Ⅱ（応用） ドッグトレーニング実習Ⅱ（応用） 動物生活環境学実習	**動物外科看護学Ⅱ（応用）** **動物臨床看護学各論Ⅲ（臨床）** **人と動物の関係学** **適正飼養指導論Ⅰ（適正飼養）** **適正飼養指導論Ⅱ（動物災害・危機管理）** **動物生活環境学** **ペット関連産業概論** 動物看護ソーシャルワーク 動物看護学総合 **動物臨床看護学実習** **動物看護総合実習Ⅲ** コンパニオンアニマルケア実習Ⅲ（総合） 必修選択動物看護実習（動物看護コース） 必修選択ペット関連産業実習（ペット関連産業コース）
選択科目		動物実習短期留学 研修・ボランティア活動		

※太字は「愛玩動物看護師」国家試験受験に必要な科目

1．教養教育科目では、愛玩動物看護師に必要な教養を俯瞰的に学び、社会的自立を図るために必要な能力を養う。

2．専門基礎科目では、動物看護学の基礎的知識と技術を学び、愛玩動物看護師に必要な能力を養う。

3．専門科目では、動物愛護・福祉に基づいた動物看護、検査、グルーミング、トレーニング等の専門的知識と技術を養う。

参考：ヤマザキ動物専門学校

図表5 専門学校の「愛玩動物看護師」国家試験受験に対応したカリキュラム

国家試験受験に必要な科目
1800時間
大学や養成所で履修すべき科目
①基礎動物学（360時間）
②基礎動物看護学（270時間）
③臨床動物看護学（360時間）
④愛護・適正飼養学（210時間）
⑤実習（600時間）

＋

独自のカリキュラム
900時間
グルーミングやトレーニングなど
愛玩動物看護師に求められる多様な
知識・技術について総合的に学ぶ。

＝専門学校で学べる
カリキュラム
2700時間

参考：ヤマザキ動物専門学校

病気やケガの後の、あるいは障害を負った動物のリハビリテーションなども学びます。

愛玩動物看護師が国家資格になったことでできるようになった採血やカテーテルによる採尿《さいにょう》、皮下注射などの投薬の実習を、模型のぬいぐるみを使って実習して感覚をつかみ、校内に動物病院、グルーミングサロンを併設《へいせつ》している専門学校では、併設《へいせつ》の施設《しせつ》でプロの業務内容や仕事の仕方を経験したうえで、校外の動物病院で実習を行います。

1年生から定期的に模擬試験を実施《じっし》し、3年生では国家試験対策講座を行って合格をめざします。また動物看護の学習だけでなく、研修先へのアポイントメントの取り方や、報告・連絡《れんらく》の重要性、基本的なビジネスマナーなど、社会人として必要な実学も学びます。

飼い主との接し方などビジネスマナーも不可欠な仕事

専門学校はゴールを決めた学び

愛玩動物看護師になる勉強をするには、専門学校と大学ではどちらがいいのでしょう。「そう聞かれることが多い」と言い、アドバイスしてくれたのは2章ミニドキュメント2でアメリカの動物看護師事情を話してくれた日本獣医生命科学大学の小田民美さんです。オープンキャンパスでは、専門学校と大学での学びの違《ちが》いを、質問されることが多いそうです。

「簡単に説明すると、専門学校というのは特定の職業に就くための学校です。愛玩動物看護師になるというゴールを見据《みす》え、それをめざしてカリキュラムが組まれています。一方、大学教育というのは一般《いっぱん》教養も含《ふく》め、幅広《はばひろ》い知識や理論、応用力を学びます。広い視野をもち、その先にいろいろな職種に就くことを想定したカリキュラムが組まれているのです」

進路変更《へんこう》がしやすい大学での学び

小田さんが所属している獣医学部獣医保健看護学科の研究体制は三つの部門に分かれています。小田さんが所属している臨床《りんしょう》部門は臨床《りんしょう》動物看護のあり方を探り、主に現場で働く愛玩動物看護師を育てる研究室で学生の半数が在籍《ざいせき》しています。あと二つは基礎《きそ》部門と応用部門で、これらの研究室では愛玩動物看護師にはならず、動物医薬、検査会社、ペットフード、日用品などの動物関連産業や研究者、家畜防疫《かちくぼうえき》官といった職種に就く人も多いです。

進路は入学してから変えることができ、4

図表6 農林水産大臣及び環境大臣が指定する科目を開講する大学

都道府県	学校名	学科名
北海道	酪農学園大学	獣医学群獣医保健看護学類
千葉県	千葉科学大学	危機管理学部動物危機管理学科
千葉県	帝京平成大学	健康医療スポーツ学部医療スポーツ学科動物医療コース
東京都	帝京科学大学	生命環境学部アニマルサイエンス学科動物看護福祉コース
東京都	日本獣医生命科学大学	獣医学部獣医保健看護学科
東京都	ヤマザキ動物看護大学	動物看護学部動物看護学科
東京都	ヤマザキ動物看護大学	動物看護学部動物人間関係学科
東京都	ヤマザキ動物看護専門職短期大学	動物トータルケア学科
神奈川県	麻布大学	獣医学部獣医保健看護学科
神奈川県	日本大学	生物資源科学部獣医保健看護学科
岡山県	倉敷芸術科学大学	生命科学部動物生命科学科
山口県	東亜大学	医療学部医療工学科
愛媛県	岡山理科大学	獣医学部獣医保健看護学科
宮崎県	九州医療科学大学	薬学部動物生命薬科学科
鹿児島県	鹿児島大学	共同獣医学部畜産学科

2024年4月現在

年間のカリキュラムの中で選択《せんたく》していくような流れになっています。8割以上の人が、現場で働く愛玩動物看護師をめざして獣医《じゅうい》保健看護学科に入学するのですが、卒業する時には5割になるそうです。

「幅広《はばひろ》い選択肢《せんたくし》を用意し、いろいろな分野で活躍《かつやく》できる人材を育てるというのが、大学なのだと思います」と小田さん。

専門学校か大学か、どちらにするか迷うこともあるかと思います。実際にオープンキャンパスに足を運んだり、各種養成校のサイトでオープンキャンパスを確認してみましょう。

国家資格取得に必要な科目

愛玩動物看護師になるために学ばなければならない科目は、つぎの基礎《きそ》動物学、基礎《きそ》動物看護学、臨床《りんしょう》動物看護学、愛護・適正飼養《しよう》学、そして実習の五つの科目に分類される31科目です。

【基礎《きそ》動物学】

生命倫理《りんり》・動物福祉《ふくし》、動物形態機能学、動物繁殖《はんしょく》学、動物行動学、動物栄養学、比較《ひかく》動物学、動物看護関連法規、動物愛護・適正飼養《しよう》関連法規

【基礎《きそ》動物看護学】

動物看護学概論《がいろん》、動物病理学、動物薬理学、動物感染症《しょう》学、公衆衛生学

【臨床《りんしょう》動物看護学】

動物内科看護学、動物外科看護学、動物臨床《りんしょう》看護学総論、動物臨床《りんしょう》看護学各論、動物臨床《りんしょう》検査学、動物医療《いりょう》コミュニケーション

【愛護・適正飼養《しよう》学】

愛玩動物学、人と動物の関係学、適正飼養《しよう》指導論、動物生活環境《かんきょう》学、ペット関連産業概論《がいろん》

【実習】

動物形態機能学実習、動物内科看護学実習、動物外科看護学実習、動物臨床《りんしょう》看護学実習、動物臨床《りんしょう》検査学実習、動物愛護・適正飼養《しよう》実習、動物看護総合実習

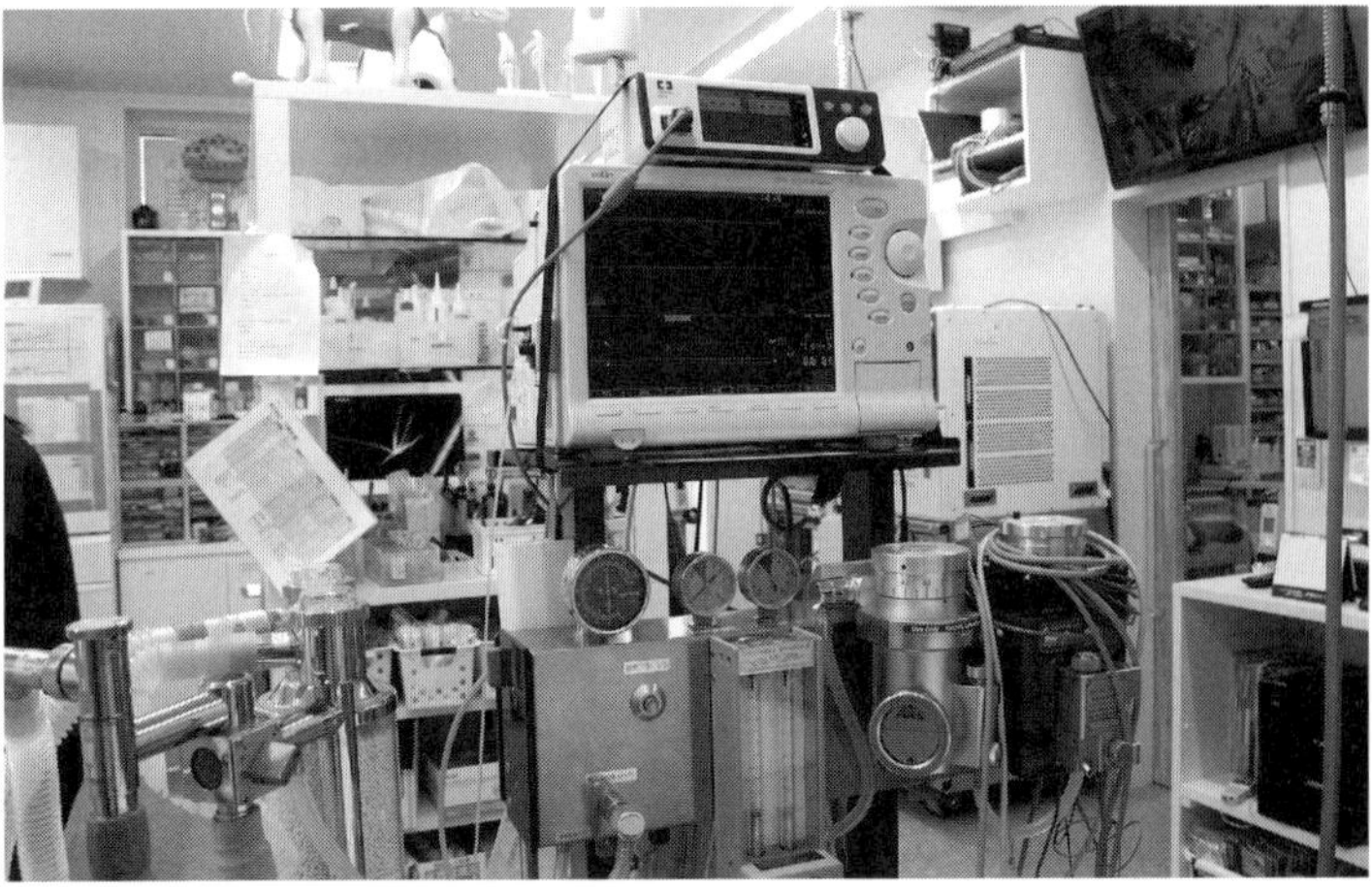

バイタルチェックモニターや医療機器の扱いも身につけたい

Column

メッセージ・専門職短期大学を選んだ理由

小田真裕《おだまひろ》さんは、地元の静岡《しずおか》県内にも何校か愛玩動物看護師の養成校があるなか、東京・渋谷《しぶや》区にあるヤマザキ動物看護専門職短期大学動物トータルケア学科に進学し、一人でアパート暮《ぐ》らしをしながら勉学にはげんでいます。

小田さんが動物看護師にあこがれを持ち始めたのは小学4年生の時。飼《か》い犬が病気になって、動物病院で手術した時「動物看護師の女性が、犬を十分に看護してくれただけでなく、飼《か》い主のことも気づかい、親身になってくれたのが、かっこいいと思った」そうです。

獣医師《じゅういし》と飼《か》い主の架《か》け橋になりたい。高校時代の進路決定のさいは、そんな気持ちで学校探しをしました。最終的にヤマザキ動物看護専門職短期大学に決めた理由をつぎのように語ってくれました。

「調べた中でもヤマザキ動物看護専門職短期大学が、現場での実習がいちばんたくさんあって、経験を積めるなと思ったんです」

実際に病院などの医療施設《いりょうしせつ》に行って、臨床《りんしょう》を学ぶ授業のことを臨地実習といいますが、専門職短期大学では臨地実務実習という必修科目になっています。ヤマザキ動物看護専門職短期大学は、実習内容が充実していることを特徴《とくちょう》としています。しかもいろいろな分野から選んで参加できるのです。学内での450時間の実習に加え、学外の動物病院や動物関連企業《きぎょう》などでの臨地実務実習を450時間（3年間で8施設《しせつ》）行うといいます。

「僕《ぼく》は座学より、体で覚えるほうが得意だったので、自分に合っているなあと思った」と小田さん。

「入学して驚《おどろ》いたのはやはり男女比でした。もう少し男子が多いと思っていましたが、同学年に男子は4人だけ。縮こまった状態です（笑）」

うれしかったことは、授業で動物にさわれること。保定などの練習で、しっかりできているなあと感じた時はうれしいそうです。

おもしろい授業はやはり実習系の授業。獣医療《じゅういりょう》器具の使い方や先ほど言った保定法、体温、脈拍《みゃくはく》数、

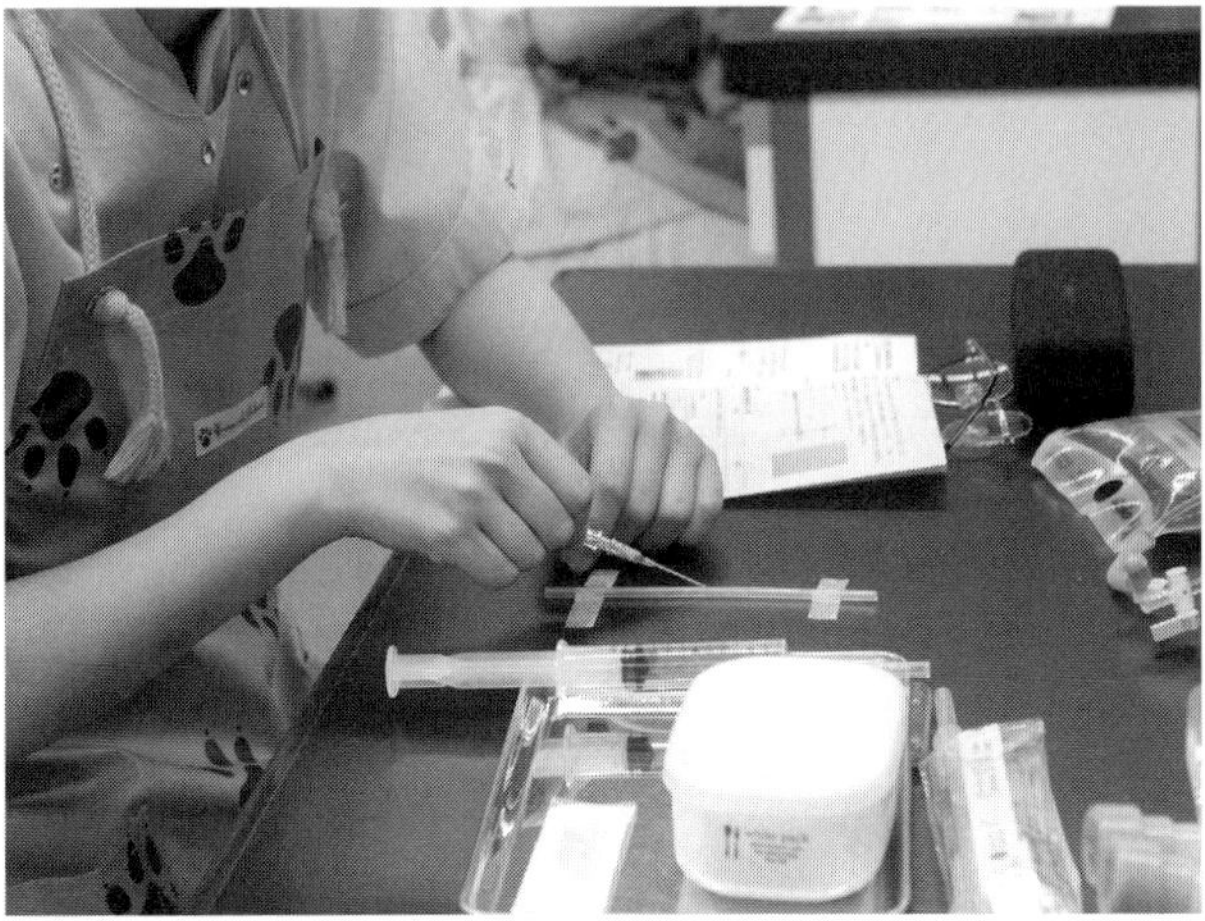

取材先提供

呼吸数などのバイタルチェック、脱水《だっすい》チェックなどの身体検査を、模型を使って習得します。たとえば、輸液などはサンプルを使用するものの機器類は臨床《りんしょう》現場と同じものを使用します（上写真）。逆に苦手なのは感染症《しょう》や病理とその作用の学習。「内容が多すぎて覚えられない」とこぼしていました。

2年生の夏休みに、院内にトリミングルームがある一・五次診療《しんりょう》の病院に、週2、3日の間隔《かんかく》で実習に行きました。獣医師《じゅういし》が4、5人いて、愛玩動物看護師は6人くらい。患者《かんじゃ》も多く大変でしたが、やりがいがあると実感しました。将来は愛玩動物看護師の国家資格を取得して、実習で行ったような動物病院に、静岡県内で就職したいと考えています。

「僕《ぼく》は小学校1年生から高校3年生まで野球をやっていて、何でも体で覚える感覚主義者（笑）。学校を選ぶさい、いくつか調べて候補をあげた時に、自分に合ったタイプの学校に行けばいいのではないかと思います。この学校は思った通り実習の多さが魅《み》力《りょく》。それでも平日の夜はアルバイトもしていますよ」と楽しそうに語ってくれました。

愛玩動物看護師の資格

国家試験で資格を取得 動物看護のスペシャリストへ

国家試験の受験資格とは

愛玩動物看護師の国家資格は、2022年5月に施行《しこう》された（制定は2019年6月）「愛玩動物看護師法」によって誕生《たんじょう》した資格です。

愛玩動物看護師として働くための資格を取るためには、国家試験を受けなくてはなりませんが、国家試験には受験資格が設けられています。受験資格があるのは、特定の大学や専門学校などの養成所で、愛玩動物看護師に向けたカリキュラムを学び終えた人です。養成所は都道府県知事から指定を受けた3年制以上教育機関に限られます。国家試験は毎年2月に行われるので、大学や養成所の卒業前に受検する場合は、出願する時に「卒業見込《みこみ》証明書」の提出が必要になります。

また、外国の関連学校などを卒業した人や外国で愛玩動物看護師免許《めんきょ》に当たる免許《めんきょ》を取得した人も国家試験を受験することができます。ただし、農林水産大臣と環境《かんきょう》大臣が日本の特定の大学や専門学校で、愛玩動物看護師として必要な知識と技能を習得したのと同じか、より以上の学力や技能があると認めた場合です。外国でのそうした経験がある人は農林水産省、環境省に確認してください。

動物看護師として働いてきた人は？

まだ新しい資格のため、受験資格には２０２７年４月末まで特例措置《そち》が設けられています。なぜなら愛玩動物看護師法が施行《しこう》される前に、動物看護師を養成する大学や専門学校に入学して一定の勉強をした人や、すでに認定動物看護師として獣医療《じゅういりょう》にたずさわってきた人がいるからです。

たとえば動物看護師として5年以上の実務経験がある人は、農林水産大臣と環境大臣が指定する講習会を30時間程度受講してから予備試験を受け、予備試験に合格すれば、国家試験の受験資格が得られます。これは現任者ルートと呼ばれています。予備試験に合格していれば、国家試験は何回でも受験できます。１章で紹介《しょうかい》した鈴木美栄《すずきみえ》さんも圓尾文子《まるおふみこ》さんも、２章で紹介《しょうかい》した東京《とうきょう》農工《のうこう》大学《だいがく》小金井《こがねい》動物《どうぶつ》救急《きゅうきゅう》医療《いりょう》センターで働く田中謙次《たなかけんじ》さんも市川衣美《いちかわえみ》さんも、第1回目の国家試験を現任者ルートで受験し、国家資格を得た愛玩動物看護師です。

法律の施行《しこう》前の卒業生や在校生は？

また、愛玩動物看護師法が施行《しこう》される前に、動物看護師を養成する教育機関で必要な科目を修了《しゅうりょう》していた人たちは、既卒《きそつ》者・在学者ルートでの受験となります。こちらは農林水産大臣と環境大臣が指定する講習会を26時間程度受講すれば、国家資格の受験資格が得られるというもので、1章で紹介《しょうかい》した田崎圭悟さんがこうして国家資格を取得しました。

これから愛玩動物看護師になるための勉強をしようと考えている人は、愛玩動物看護師の養成カリキュラムのある特定の大学か指定の養成所を調べてみてください。農林水産省と環境省では、受験資格が得られる都道府県の養成所を公表していますが、情報は更新《こうしん》されるため、常に新しい情報を確認しましょう。そして、まずはその教育機関に進学するための受験勉強に専念してください。

登録してはじめて資格を取得したことに

国家試験は年に1回です。試験問題は必須《ひっす》問題、実地問題、一般《いっぱん》問題に分かれており、

第1回、第2回の試験問題と正答は動物看護師《どうぶつかんごし》統一《とういつ》認定《にんてい》機構《きこう》のホームページで公表されています。実施《じっし》要項《ようこう》や出願の仕方、予備試験や本試験のQ&Aが掲載《けいさい》されているので、参考にしてください。

国家試験に合格するだけでは愛玩動物看護師にはなれません。合格した後、指定登録機関である動物看護師統一認定機構に免許申請《めんきょしんせい》手続きを行い、愛玩動物看護師名簿《めいぼ》に登録します。登録してはじめて愛玩動物看護師の名称《めいしょう》を使えるようになり、動物看護のスペシャリストとして仕事に就くことができるのです。名簿《めいぼ》に登録されなければ、愛玩動物看護師を名乗ることはできないので、注意してください。

資格取得後、登録を経て医療の現場へ

就職への道のり

動物病院業界は人手不足 愛玩動物看護師の需要は多い

インターンシップや見学で現場にふれる

愛玩動物看護師を養成する認定校では、大学でも専門学校でもキャリア教育や就職指導プログラムが徹底《てってい》されており、毎年多数の求人情報が寄せられます。また多くの動物病院で、実際の仕事を体験するインターンシップを受け入れているので、何カ所か経験するといいでしょう。インターンシップの実習先が就職先になるケースも少なくありません。

2章で紹介《しょうかい》した東京農工大学小金井動物救急医療センターや、動物のがん治療《ちりょう》で知られ、農林水産大臣指定の臨床《りんしょう》研修診療施設《しんりょうしせつ》でもある日本小動物《にほんしょうどうぶつ》医療《いりょう》センター、同じく臨床《りんしょう》研修診療施設《しんりょうしせつ》のどうぶつの総合病院専門医療《いりょう》&救急医療《いりょう》センターなどの二次診療《しんりょう》施設では、愛玩動物看護師養成校の学生を含《ふく》め、医療《いりょう》関係者の見学を受け入れています。

ふだんはなかなか見ることができない高度医療施設《いりょうしせつ》内の器具や機器、各科のシステム、診察《しんさつ》、処置、治療《ちりょう》現場を見学することができます。同様に見学を受け入れている施設《しせつ》は多数あるので、ホームページで確認したうえで問い合わせてみましょう。

掲載《けいさい》情報だけでなく、現場にふれることはとても重要です。設備はもちろん、働いているスタッフに接すると、自分との相性も感じ取れるものです。自分が犬や猫《ねこ》を飼《か》っていなくても、もし飼《か》っていたらと仮定して「自分の犬や猫《ねこ》をここで診《み》てもらいたい」と思うかどうかは、意外と的確な判断基準かもしれません。

学生たちは就職活動を行って、内定を受けたうえで国家試験を受験します。国家試験に合格し、資格を取得したのち登録を経て、晴れて愛玩動物看護師として第一歩を踏み出すのです。

一次診療《しんりょう》の経験は重要

現在では、二次診療施設《しんりょうしせつ》も開かれた現場となり、高度獣医療《じゅういりょう》へのあこがれも増すことでしょう。2章ミニドキュメント1で紹介《しょうかい》した東京農工大学小金井動物救急医療センターの市川衣美さんは、見学に来た学生から「高度な医療《いりょう》を学びたいから、二次診療施設《しんりょうしせつ》に行きたい」と聞かされ、驚《おどろ》いたと言いました。「私は、一次診療《しんりょう》で獣医療《じゅういりょう》の何たるかを学び、飼《か》い主さんとのやりとりを学び、それではじめて高度医療《いりょう》の何たるかにふれられると思っているから」と市川さん。

一次診療《しんりょう》で動物看護のジェネラリストとして何年かそこで、経験しうるあらゆる作業を身につけて、それでもまだ高度獣《じゅうい》医療の現場を経験したかったら、二次診療《しんりょう》に身を置いてみるという流れが本流ではないか。そう思うのは一次診療《しんりょう》も二次診療《しんりょう》も経験したうえで救急医療《いりょう》の現場に異動し、さらに勉強している市川さんだからこそでしょう。

現場で自分の好きな専門分野を見つけて、その分野のスペシャリストとして活躍《かつやく》する愛玩動物看護師もいますし、町の病院で飼《か》い主とも動物とも密にかかわって、ほんとうにジェネラリストとして活躍《かつやく》していきたいと思う愛玩動物看護師もいます。人と動物の幸せにつながれば、自分の選んだ通りの働き方でいいのです。

動物病院への就職はほぼ確実

愛玩動物看護師が国家資格になる前から、動物病院は人手不足でした。特に女性が多い動物看護師の離職率《りしょくりつ》は高く、不足したまま現在に至っているからです。そして、それは今も変わらないといいます。ですから、就職先に困ることはないといわれています。ヤマザキ動物専門学校では2023年の就職率は98%、正社員率100%。9割以上が動物病院

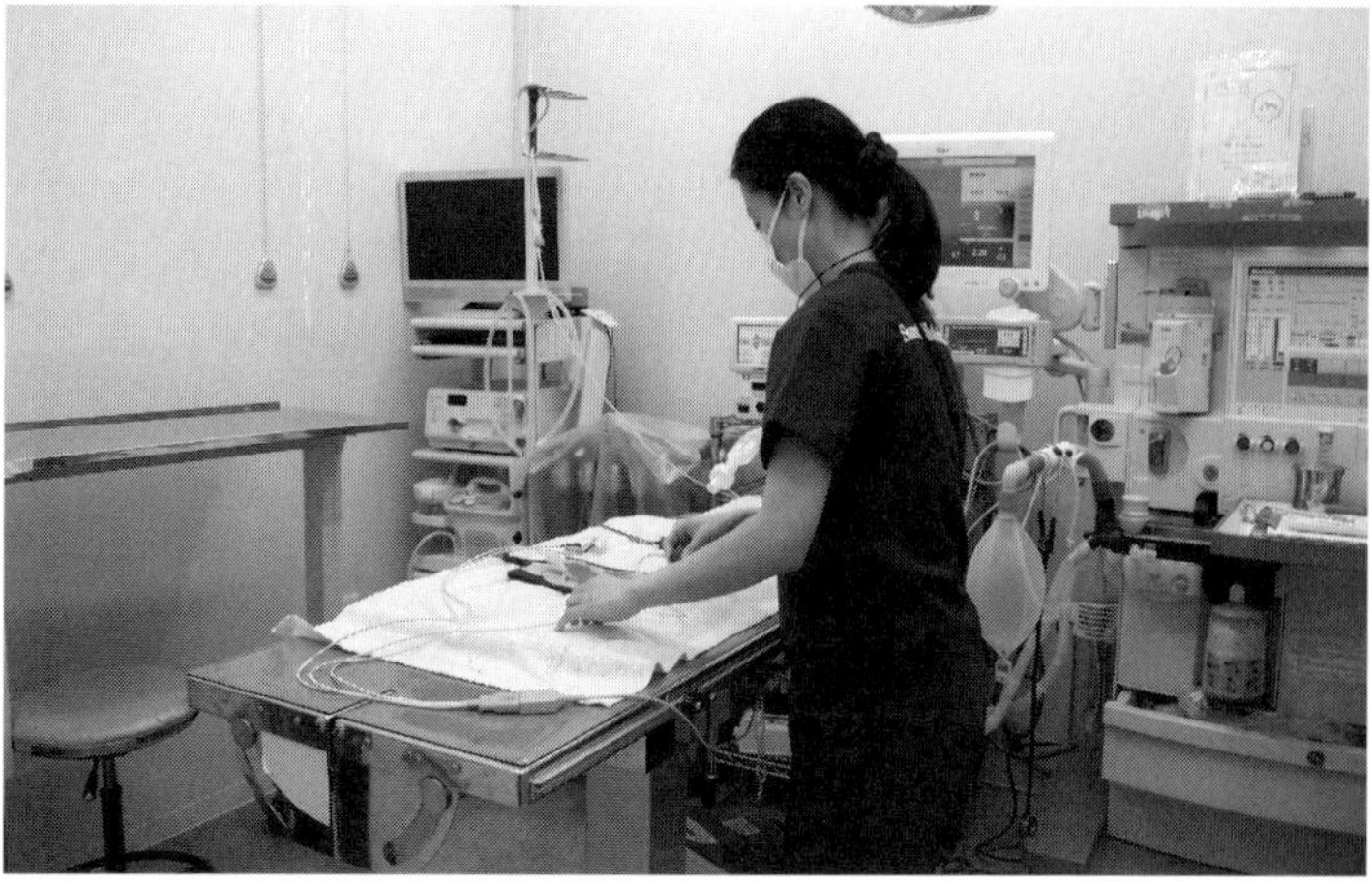

獣医療現場の規模はさまざま。国家資格の有資格者として活躍していく

に就職しました。

日本の愛玩動物看護師にはアメリカのような更新《こうしん》制度はないので、自分から率先して学んでいかなければスキルアップは望めません。二次診療施設《しんりょうしせつ》や企業《きぎょう》がグループ経営している規模の大きな動物病院、動物看護にかかわりのある日《に》本《ほん》動《どう》物《ぶつ》看《かん》護《ご》職《しょく》協会《きょうかい》や日本動物病院協会といった団体では、愛玩動物看護師を対象としたイベントやセミナーを多数開催《かいさい》しています。在学中からそういったセミナーで職業理解を深めておくと、就業活動に有効でしょうし、仕事に就いた後も知識を得る手段として役に立つのではないでしょうか。有資格者としての自覚をもち、誇《ほこ》りをもって長く仕事を続けることを願っています。

Column

メッセージ・命を預かる責任ある仕事

ヤマザキ動物専門学校愛玩動物看護学科の教員である橋本直子さんと藤波由香さんからの、愛玩動物看護師をめざす人たちに向けたメッセージです。二人は、「受付や電話で飼《か》い主さんから、最初にいろいろな情報を聞くのは愛玩動物看護師です。どういう用件なのか、もし動物の状態が悪いという話なら、緊急性《きんきゅう》はあるのか、そこでの判断はとても重要です。飼《か》い主さんと獣医師《じゅういし》の架《か》け橋にならなくてはいけないので、特にコミュニケーション力は必要です。診断《しんだん》につながることなので、しっかり話ができるようになってください」と話します。

さらに、受験希望の高校生や保護者の方と話していると、愛玩動物看護師は獣医師《じゅういし》のお手伝いをする仕事だと思っている方が多いのですが、と続けます。「決してそうではありません。もちろんお手伝いの要素はありますが、獣医師《じゅういし》とは異なる愛玩動物看護師としての仕事があります。ただ言われたことをやるだけではないのです。それは今までもそうだったのですが、国家資格の愛玩動物看護師になると、これまで以上に自分たちで領域を切り開いていかなくてはいけません。

やれること、やらなくてはいけないことが増えて、責任も大きくなりました。それこそチーム獣医療《じゅういりょう》の一員として、獣医師《じゅういし》ともその他の職種の人とも対等に意見を言い合って、動物のために、飼《か》い主のために、働かなくてはいけません。入学してきた時は獣医師《じゅういし》のお手伝いと思っていたとしても、3年間学ぶうちに自分たちで考えて、動けるようになってもらいたいと思っています」

入学してから、併設《へいせつ》している動物病院で現場を知って、愛玩動物看護師がやることはとても責任が重いのだということがわかり、残念ながら、退学した学生もいるといいます。

「命を扱《あつか》うわけですから、責任感をもって勉強していきたいと思う学生に、資格取得をめざしてほしいです。

　保護者の方のなかには『うちの子は動物好きなので、動物の看護師だったらなれるかも』と言う方がいるのですが、動物病院には元気いっぱいの動物だけが来るわけではありません。すぐに治ってしまう病気もあれば、治らずに亡くなるまで、どうやって過ごしていくかを考えなくてはいけないこともあります。死に直面することもありますし、結構、過酷《かこく》な現場です。国家資格のカリキュラムとして必修の生命倫理《りんり》の授業では、安楽死や動物実験について考える時間があります。

　いろいろな知識が必要になりますから、愛玩動物看護師になりたいと思う人は、日頃《ひごろ》から動物をよく観察するくせをつけるといいです。歩き方はこれでいいのかな、呼吸の音がいつもとは違《ちが》う気がするな、などと思えるようになるといいですね」

　また、動物を飼《か》っている人は、ぜひおうちの方といっしょに動物病院に行ってほしい、とも。

「ご家族で時間をつくって行ってください。そこで獣医師《じゅういし》や愛玩動物看護師がどのように動物と接しているか、観察をしてほしいと思います」

　動物が好きだというだけではできません。でも、やはり好きでなければできない仕事です。

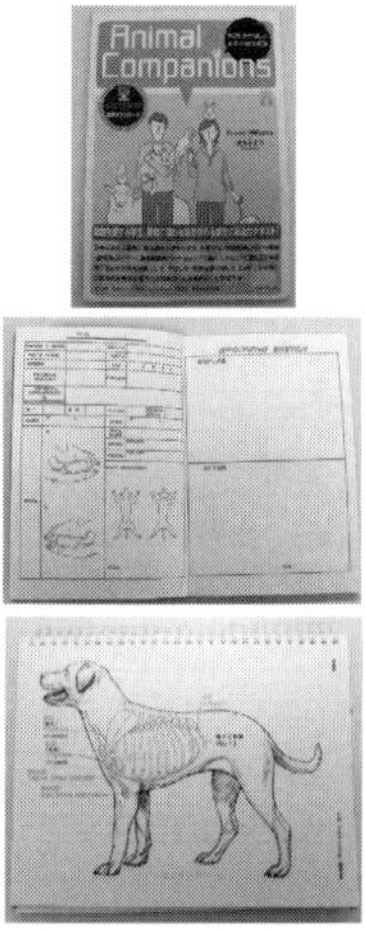

授業で使用する教科書の一例

フローチャート　愛玩動物看護師

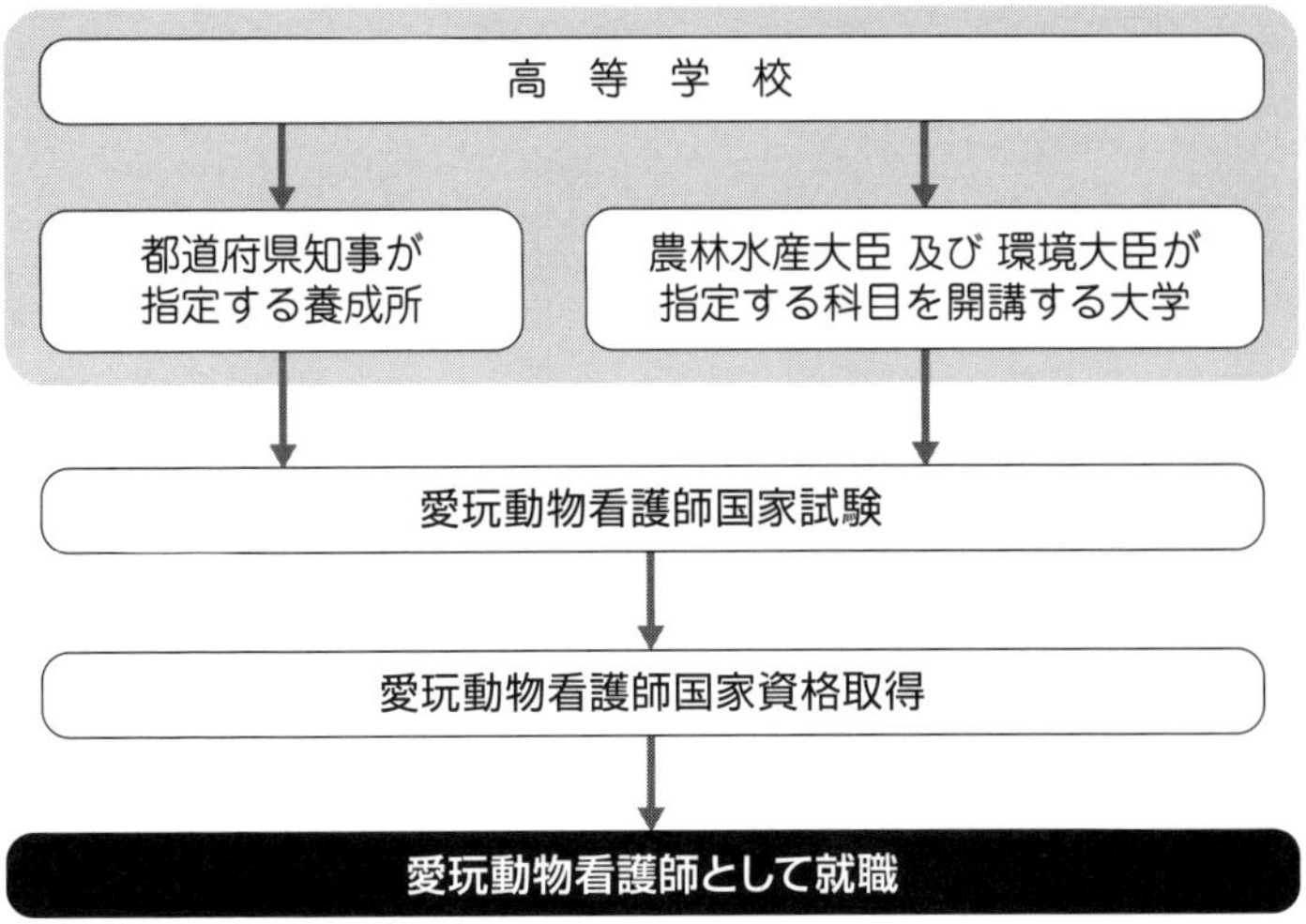

※最新の情報は随時、農林水産省・環境省などのホームページで確認してください。

なるにはブックガイド

**『改訂版
まるごとわかる　犬種大図鑑』**
若山正之 監修
Gakken

ジャパンケネルクラブのデータを基に人気犬種101種の解説のほか、世界のめずらしい犬80種も紹介。基本的なデータに加え、ケアの手間、かかりやすい病気など、知っておきたい情報が満載。

**『決定版
まるごとわかる　猫種大図鑑』**
早田由貴子 監修
Gakken

世界の純血種のなかでも人気の42猫種と注目のめずらしい猫4種を徹底解説。基本的なデータはもちろん、猫と人の歴史や世界の猫のルーツなどの解説のほか、「飼いやすさ目安チャート」も付属。

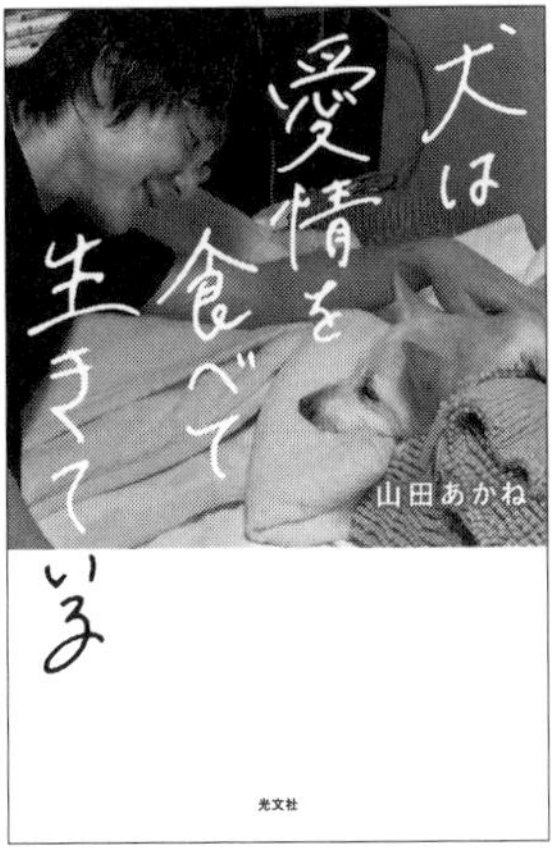

『犬は愛情を食べて生きている』
山田あかね 著
光文社

開業した動物病院で診療をしつつ、困っている犬や猫がいると聞けば、どこにでも助けに行き、行き場のない犬や猫は連れ帰って世話をする。365 日 24 時間を動物に捧げる獣医師の日々を追う。

『いぬねこ動物病院日記』
とみた黍 著
KADOKAWA

無口だけれど優しい同期や先生からも頼りにされる面倒見のよい看護師長といっしょに働く新米動物看護師の私。とある病院を舞台に動物看護師と個性豊かな動物たちとの日々を描くコミックエッセイ。

職業MAP！ 興味があるのはどの仕事？

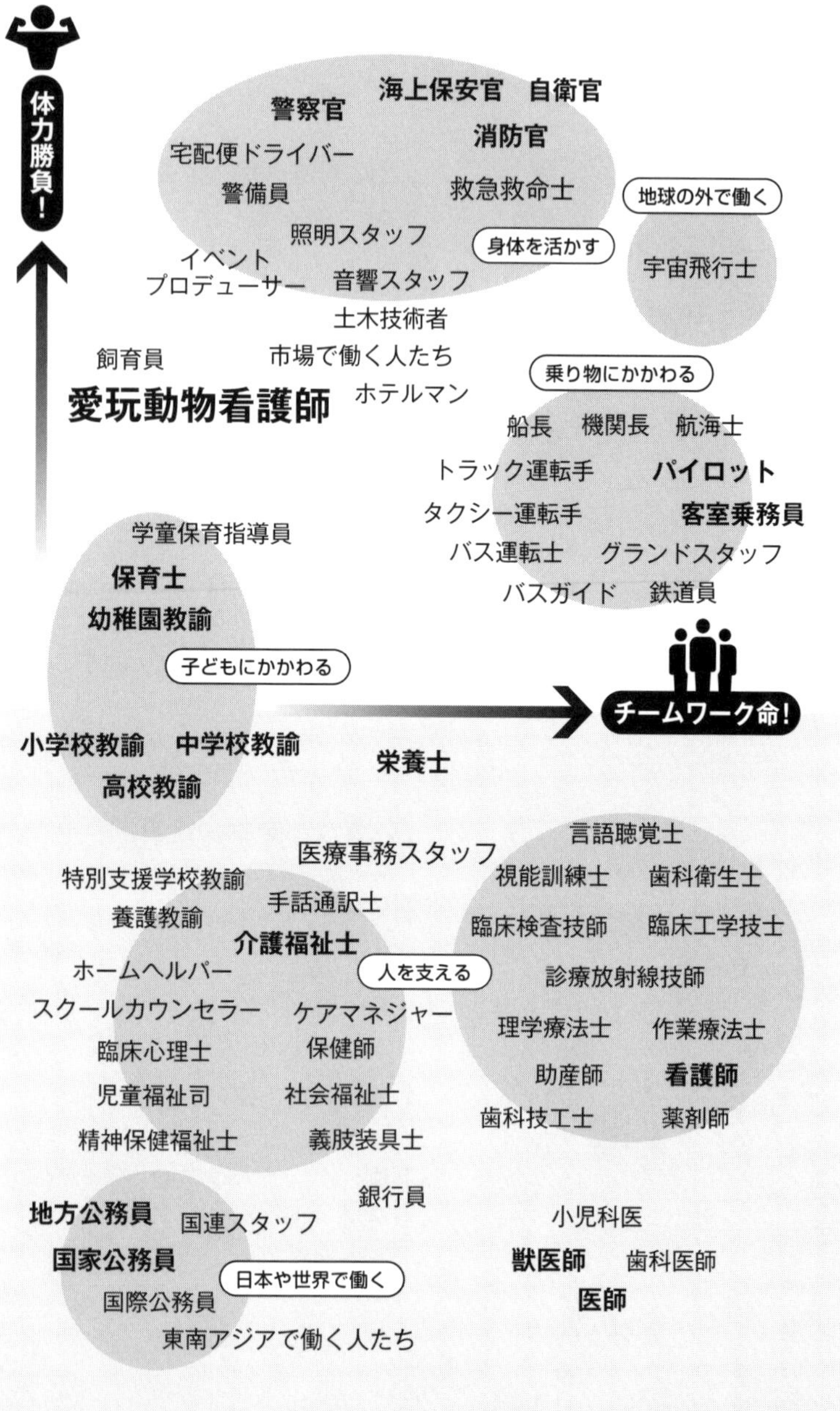

体力勝負！
チームワーク命！
身体を活かす
海上保安官
自衛官
警察官
消防官
宅配便ドライバー
警備員
救急救命士
照明スタッフ
イベントプロデューサー
音響スタッフ
地球の外で働く
宇宙飛行士
土木技術者
飼育員
市場で働く人たち
愛玩動物看護師
ホテルマン
乗り物にかかわる
船長
機関長
航海士
トラック運転手
パイロット
タクシー運転手
客室乗務員
バス運転士
グランドスタッフ
バスガイド
鉄道員
子どもにかかわる
学童保育指導員
保育士
幼稚園教諭
小学校教諭
中学校教諭
高校教諭
栄養士
人を支える
医療事務スタッフ
特別支援学校教諭
手話通訳士
養護教諭
介護福祉士
ホームヘルパー
スクールカウンセラー
ケアマネジャー
臨床心理士
保健師
児童福祉司
社会福祉士
精神保健福祉士
義肢装具士
言語聴覚士
視能訓練士
歯科衛生士
臨床検査技師
臨床工学技士
診療放射線技師
理学療法士
作業療法士
助産師
看護師
歯科技工士
薬剤師
日本や世界で働く
地方公務員
国連スタッフ
国家公務員
国際公務員
東南アジアで働く人たち
銀行員
小児科医
獣医師
歯科医師
医師

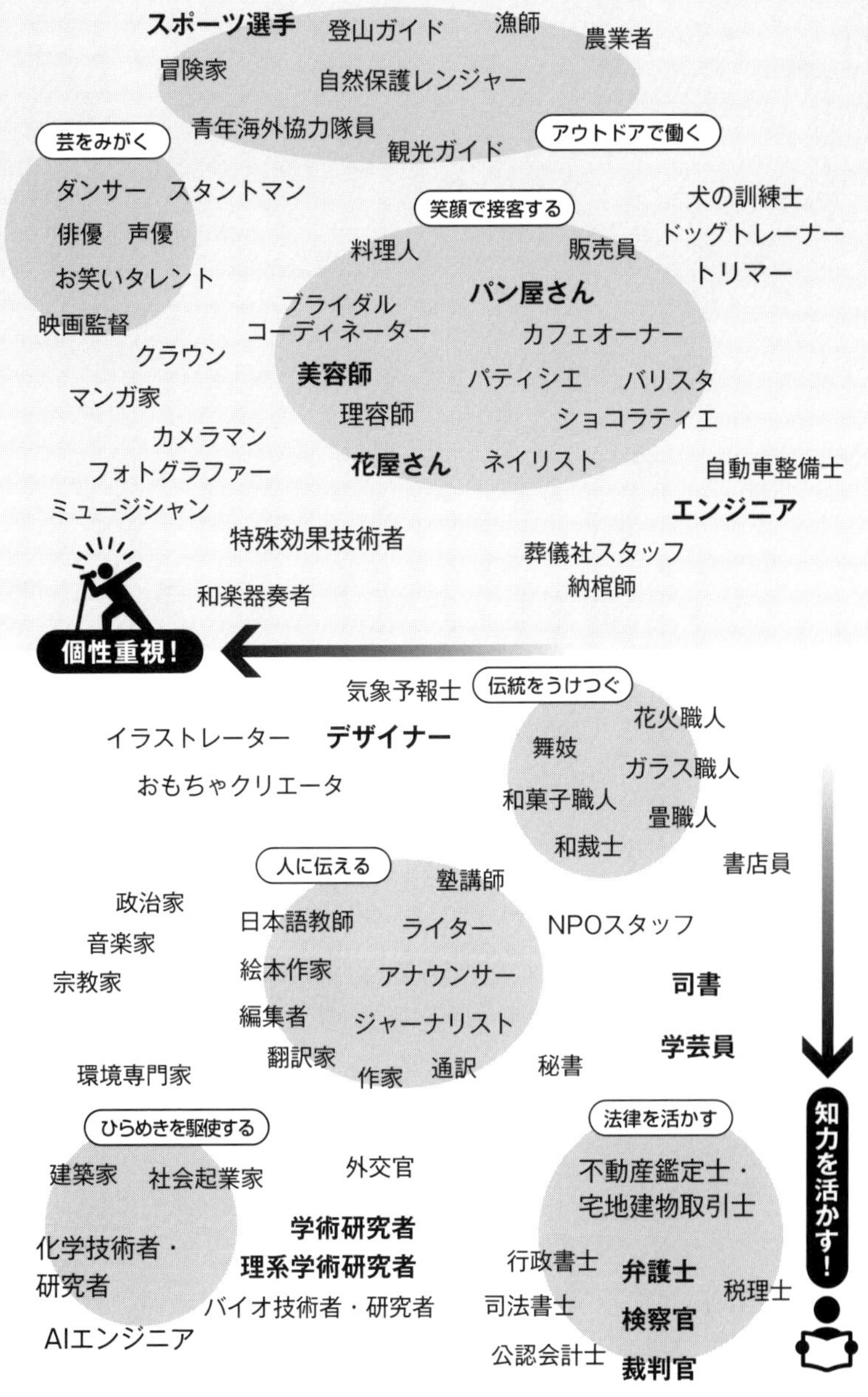
アウトドアで働く
スポーツ選手
登山ガイド
漁師
農業者
冒険家
自然保護レンジャー
青年海外協力隊員
観光ガイド
芸をみがく
ダンサー
スタントマン
俳優
声優
お笑いタレント
映画監督
クラウン
マンガ家
カメラマン
フォトグラファー
ミュージシャン
特殊効果技術者
和楽器奏者
笑顔で接客する
料理人
販売員
パン屋さん
ブライダル
コーディネーター
カフェオーナー
美容師
パティシエ
バリスタ
理容師
ショコラティエ
花屋さん
ネイリスト
犬の訓練士
ドッグトレーナー
トリマー
自動車整備士
エンジニア
葬儀社スタッフ
納棺師
個性重視！
気象予報士
伝統をうけつぐ
花火職人
舞妓
ガラス職人
和菓子職人
畳職人
和裁士
イラストレーター
デザイナー
おもちゃクリエータ
書店員
人に伝える
塾講師
日本語教師
ライター
絵本作家
アナウンサー
編集者
ジャーナリスト
翻訳家
作家
通訳
政治家
音楽家
宗教家
環境専門家
NPOスタッフ
司書
学芸員
秘書
ひらめきを駆使する
建築家
社会起業家
化学技術者・
研究者
AIエンジニア
外交官
学術研究者
理系学術研究者
バイオ技術者・研究者
法律を活かす
不動産鑑定士・
宅地建物取引士
行政書士
弁護士
税理士
司法書士
検察官
公認会計士
裁判官
知力を活かす！

［著者紹介］

大岳美帆（おおたけ みほ）

フリーライター・編集者。編集プロダクション勤務を経て独立。社史やホリスティック医療系の会報をメインに執筆するほか、著書に『子犬工場ーいのちが商品にされる場所』（WAVE出版）、『大学学部調べ 経営学部・商学部』『環境学部』『人間科学部』『高校調べ 商業科高校』『トリマーになるには』（ぺりかん社）などがある。

愛《あい》玩《がん》動《どう》物《ぶつ》看《かん》護《ご》師《し》になるには

2024年7月25日　初版第1刷発行

著　者　大岳美帆
発行者　廣嶋武人
発行所　株式会社ぺりかん社
〒113-0033　東京都文京区本郷1-28-36
TEL　03-3814-8515（営業）
03-3814-8732（編集）
http://www.perikansha.co.jp/
印刷所　大盛印刷株式会社
製本所　鶴亀製本株式会社

ISBN978-4-8315-1674-9　Printed in Japan

＊「なるにはBOOKS」シリーズは重版の際、最新の情報をもとに、データを更新しています。

仕事の実際から
なり方まで解説

なるにはBOOKS

B6判／並製カバー装
平均160頁

46 農業者になるには
大浦佳代（海と漁の体験研究所主催）著
❶「農」に生きる！［果樹栽培、稲作、花き（切り花）の栽培、酪農］
❷農業者の世界［日本の農業の姿、流通の仕組み、さまざまな農業、生活と収入他］
❸なるにはコース［適性と心構え、就農の実際、農業系高等学校で学ぶ他］
☆☆☆

37 環境専門家になるには
小熊みどり（科学コミュニケーター）著
❶さまざまな分野で活躍する環境専門家たち［環境省職員、研究開発者他］
❷環境専門家の世界［環境問題の変遷、環境専門家の仕事、生活と収入他］
❸なるにはコース［適性と心構え、環境について学ぶには、採用試験と就職の実際他］
☆☆☆

61 社会福祉士・精神保健福祉士になるには
田中英樹（東京通信大学教授）・
菱沼幹男（日本社会事業大学准教授）著
❶支援の手を差し伸べる
❷社会福祉士の世界［現場と仕事、生活と収入・将来性、なるにはコース］
❸精神保健福祉士の世界［現場と仕事、生活と収入・将来性、なるにはコース］
★★★

100 介護福祉士になるには
渡辺裕美（東洋大学教授）編著
❶利用者の生活を支える
❷介護福祉士の世界［社会福祉とは、介護福祉士の誕生から現在まで、活躍する現場と仕事、生活と収入、将来性他］
❸なるにはコース［適性と心構え、介護福祉士への道のり、就職の実際他］
★★★

160 医療事務スタッフになるには
笹田久美子（医療ライター）著
❶医療事務の現場から
❷医療事務の世界［医療事務ってどんな仕事？、医療事務の今むかし、医療事務が必要とされる職場、生活と収入他］
❸なるにはコース［主な資格と認定試験、資格をとる学び方、就職の実際他］
☆☆☆

68 獣医師になるには
井上こみち（ノンフィクション作家）著
❶人と動物の未来を見つめて
❷獣医師の世界［獣医師とは、獣医師の始まり、活躍分野、待遇、収入］
❸なるにはコース［適性と心構え、獣医大学ってどんなところ？、獣医師国家試験、就職と開業］
☆☆☆

91 ドッグトレーナー・犬の訓練士になるには
井上こみち（ノンフィクション作家）著
❶犬の能力をひきだすスペシャリスト！
❷ドッグトレーナー・犬の訓練士の世界［訓練士の仕事の基本、訓練士とともに活躍する犬たち、生活と収入他］
❸なるにはコース［心構え、なるための道、養成学校、就職するために］
☆☆☆

92 動物園飼育員・水族館飼育員になるには
高岡昌江（いきものライター）著
❶いきものの命を預かる現場
❷動物園飼育員の世界［現場と日常の仕事／生活と収入／なるにはコース他］
❸水族館飼育員の世界［現場と日常の仕事／生活と収入／なるにはコース他］
☆☆☆

73 自然保護レンジャーになるには
須藤ナオミ・藤原祥弘著／キャンプよろず相談所編
❶人と自然の共生をめざして
❷自然保護と環境省レンジャーの世界［歴史、生活と収入、なるには］
❸民間レンジャーの世界［日本自然保護協会、日本野鳥の会、東京都レンジャー、パークレンジャー、なるには］
★★★

45 漁師になるには
大浦佳代（海と漁の体験研究所主催）著
❶海に生きる！
❷漁師の世界［日本の漁業の成り立ち、知っておきたい漁業制度の基礎知識、働く場所、生活と収入他］
❸なるにはコース［必要な知識と資格／学ぶ場所／就職の実際他］
★★★

★★★★…1700円　☆☆☆…1600円　★★★…1500円　☆☆…1300円　★★…1270円　☆…1200円（税別価格）

148 **グランドスタッフになるには**
京極祥江（フリーライター）著
❶空港の最前線で
❷グランドスタッフの世界［日本の航空業界史、グランドスタッフの仕事、グランドスタッフの一日、収入、将来性地］
❸なるにはコース［適性と心構え、グランドスタッフへの道のり、就職の実際他］
★★★

2 **客室乗務員になるには**
鑓田浩章（エディトリアルディレクター）著
❶笑顔でおもてなし　空が仕事場！
❷客室乗務員の世界［客室乗務員の誕生から現在まで、航空業界とは、生活と収入、将来性］
❸なるにはコース［適性と心構え、客室乗務員への道のり、就職の実際］
☆

139 **絵本作家になるには**
小野明（絵本編集者）・
柴田こずえ（フリーライター）著
❶絵本のつくり手たち［五味太郎さん他］
❷絵本作家の世界［絵本の特徴・構造・歴史、絵本をつくるためのヒント（酒井駒子さん他）、生活と収入］
❸なるにはコース／主な学校一覧
☆☆

53 **声優になるには**
山本健翔（大阪芸術大学大学院教授）著
❶声の「職人」たち［寿美菜子さん、小林親弘さん、小島幸子さん、間宮康弘さん］
❷声優の世界［声優の仕事、声優をとりまく人びと、生活と収入、将来性他］
❸なるにはコース［適性と心構え、声優に必要なこと、オーディションの現場他］
★★★

154 **講談師・浪曲師になるには**
小泉博明・稲田和浩著
宝井琴鶴（講談師）編集協力
❶伝統を現代の中で生かす［一龍斎春水、神田松之丞、東家一太郎、東家美］
❷講談師の世界［講談の歴史、収入他］
❸浪曲師の世界［浪曲の歴史、収入他］
❹なるにはコース［適正と心構え他］
★★★

35 **販売員・ファッションアドバイザーになるには**
浅野恵子（フリーライター）著
❶お買い物に感動を添えて
❷販売員・ファッションアドバイザーの世界［販売の仕事の基礎知識、「小売業」の歴史、生活と収入・将来性］
❸なるにはコース［就職・研修、資格］
☆

118 **カフェオーナー・カフェスタッフ・バリスタになるには**
安田理（フードビジネス企画開発室代表取締役）編著
❶コーヒーに魅せられて
❷カフェオーナー・カフェスタッフ・バリスタの世界［カフェ業界について学んでみよう、生活と収入、将来性他］
❸なるにはコース［専門学校、就職他］
☆

5 **美容師・理容師になるには**
大岳美帆・木村由香里著
❶お客さんをきれいにしたい！
❷美容師の世界［美容と理容の歴史、美容師が担う仕事と職場、生活と収入他］
❸理容師の世界［理容師とはなんだろう、理容師が担う仕事と職場、生活と収入他］
❹なるにはコース［養成校／資格取得他］
★★★

137 **ネイリストになるには**
津留有希（フリーライター）著
❶カラー口絵／爪先から女性を美しく！
❷ネイリストの世界［ネイルケア小史、ネイリストの仕事、生活と収入他］
❸なるにはコース［適性と心構え、ネイリストの働き方、学校訪問、ネイリストへの道、独立と開業他］
☆☆

162 **特殊効果技術者になるには**
小杉眞紀・山田幸彦著
❶特殊効果技術者の現場［ＶＦＸスーパーバイザー、特殊メイク、特撮美術］
❷特殊効果技術者の世界［特殊効果・視覚効果の歴史、収入と生活地］
❸なるにはコース［適性、資格や道のり、養成校、就職の実際他］
★★★★

112 臨床検査技師になるには
岩間靖典(フリーライター)著
❶現代医療に欠かせない医療スタッフ
❷臨床検査技師の世界［臨床検査技師とは、歴史、働く場所、臨床検査技師の1日、生活と収入、将来］
❸なるにはコース［適性と心構え、養成校、国家試験、認定資格、就職他］
★★★

13 看護師になるには
川嶋みどり(日本赤十字看護大学客員教授)監修
佐々木幾美・吉田みつ子・西田朋子著
❶患者をケアする
❷看護師の世界［看護師の仕事、歴史、働く場、生活と収入、仕事の将来他］
❸なるにはコース［看護学校での生活、就職の実際］／国家試験の概要］
☆

149 診療放射線技師になるには
笹田久美子(医療ライター)著
❶放射線で検査や治療を行う技師
❷診療放射線技師の世界［診療放射線技師とは、放射線医学とは、診療放射線技師の仕事、生活と収入、これから他］
❸なるにはコース［適性と心構え、養成校をどう選ぶか、国家試験、就職の実際］
★★★

147 助産師になるには
加納尚美(茨城県立医療大学教授)著
❶命の誕生に立ち会うよろこび！
❷助産師の世界［助産師とは、働く場所と仕事内容、連携するほかの仕事、生活と収入、将来性他］
❸なるにはコース［適性と心構え、助産師教育機関、国家資格試験、採用と就職他］
★★★

153 臨床工学技士になるには
岩間靖典(フリーライター)著
❶命を守るエンジニアたち
❷臨床工学技士の世界［臨床工学技士とは、歴史、臨床工学技士が扱う医療機器、働く場所、生活と収入、将来と使命］
❸なるにはコース［適性、心構え、養成校、国家試験、就職、認定資格他］
★★★

152 救急救命士になるには
益田美樹(ジャーナリスト)著
❶救急のプロフェッショナル！
❷救急救命士の世界［救急救命士とは、働く場所と仕事内容、勤務体系、日常生活、収入、将来性他］
❸なるにはコース［なるための道のり／国家資格試験／採用・就職他］
★★★

86 歯科医師になるには
笹田久美子(医療ライター)著
❶歯科治療のスペシャリスト
❷歯科医師の世界［歯科医療とは、歯科医療の今むかし、歯科医師の仕事、歯科医師の生活と収入、歯科医師の将来］
❸なるにはコース［適性と心構え、歯科大学、歯学部で学ぶこと、国家試験他］
★★★

58 薬剤師になるには
井手口直子(帝京平成大学教授)編著
❶国民の健康を守る薬の専門家！
❷薬剤師の世界［薬剤師とは、薬剤師の歴史、薬剤師の職場、生活と収入他］
❸なるにはコース［適性と心構え、薬剤師になるための学び方、薬剤師国家試験、就職の実際他］
★★★

34 管理栄養士・栄養士になるには
藤原眞昭(群羊社代表取締役)著
❶“食”の現場で活躍する
❷管理栄養士・栄養士の世界［活躍する仕事場、生活と収入、将来性他］
❸なるにはコース［適性と心構え、資格をとるには、養成施設の選び方、就職の実際他］／養成施設一覧
☆

151 バイオ技術者・研究者になるには
堀川晃菜(サイエンスライター)著
❶生物の力を引き出すバイオ技術者たち
❷バイオ技術者・研究者の世界［バイオ研究の歴史、バイオテクノロジーの今昔、研究開発の仕事、生活と収入他］
❸なるにはコース［適性と心構え、学部・大学院での生活、就職の実際他］
☆☆☆

★★★★…1700円　☆☆☆…1600円　★★★…1500円　☆☆…1300円　★★…1270円　☆…1200円(税別価格)

40 弁理士になるには
藤井 久子(フリーライター)著
❶知的財産を守る弁理士たち
❷弁理士の世界［弁理士とは、弁理士の歴史、知的財産権とは、仕事の内容と流れ、生活と収入、将来性他］
❸なるにはコース［適性と心構え、弁理士になるまでの道のり他］
★★★

63 社会保険労務士になるには
池田直子(特定社会保険労務士)著
❶社会保険と労務管理の専門家として
❷社会保険労務士の世界［社会保険労務士ってどんな人、誕生から現在、仕事、生活と収入、将来と使命他］
❸なるにはコース［適性と心構え、試験について、就職の実際他］
★★★

108 行政書士になるには
三田達治(三田行政書士事務所代表)編著
❶行政手続きのプロフェッショナルとして
❷行政書士の世界［行政書士の誕生から現在まで、ほかの「士業」との違い、行政書士の仕事、生活と収入、将来性他］
❸なるにはコース［適性と心構え／行政書士試験／独立開業他］
★★★

10 通訳者・通訳ガイドになるには
鑓田浩章(エディトリアルディレクター)著
❶日本と世界の懸け橋として
❷通訳者・通訳ガイドの世界［通訳者の誕生から現在まで、通訳者・通訳ガイドが活躍する現場、生活と収入、将来性］
❸なるにはコース［適性と心構え、通訳者への道、通訳関連の資格について他］
★★★

142 観光ガイドになるには
中村正人(ジャーナリスト)著
❶"おもてなし"の心をもって
❷通訳案内士の世界［観光ガイドを取り巻く世界、通訳案内士とは、生活と収入、通訳案内士になるには他］
❸添乗員の世界［添乗員とは、添乗員の仕事、生活と収入、添乗員になるには他］
☆

67 理学療法士になるには
丸山仁司(国際医療福祉大学教授)編著
❶機能回復に向けて支援する！
❷理学療法士の世界［理学療法の始まりと進展、理学療法士の仕事、理学療法士の活躍場所、生活・収入］
❸なるにはコース［養成校について、国家試験と資格、就職とその後の学習］
☆

97 作業療法士になるには
濱口豊太(埼玉県立大学教授)編著
❶作業活動を通じて社会復帰を応援する！
❷作業療法士の世界［作業療法の定義と歴史、作業療法の実際、生活・収入］
❸なるにはコース［適性と心構え、養成校について、国家試験、就職について］
☆

113 言語聴覚士になるには
㈳日本言語聴覚士協会協力
中島匡子(医療ライター)著
❶言葉、聞こえ、食べる機能を支援するスペシャリスト！
❷言語聴覚士の世界［働く場所、生活と収入、言語聴覚士のこれから他］
❸なるにはコース［適性と心構え、資格他］
★★★

150 視能訓練士になるには
㈳日本視能訓練士協会協力
橋口佐紀子(医療ライター)著
❶眼の健康管理のエキスパート
❷視能訓練士の世界［視能訓練士とは、働く場所、生活と収入、これから他］
❸なるにはコース［適性と心構え、養成校で学ぶこと、国家試験、就職について］
★★★

146 義肢装具士になるには
㈳日本義肢装具士協会協力
益田美樹(ジャーナリスト)著
❶オーダーメードの手足と装具を作る
❷義肢装具士の世界［働く場所と仕事内容、生活と収入、将来性他］
❸なるにはコース［適性と心構え、養成校、資格試験、採用・就職他］
★★★

【なるにはBOOKS】ラインナップ　税別価格 1170円〜1700円

1——パイロット
2——客室乗務員
3——ファッションデザイナー
4——冒険家
5——美容師・理容師
6——アナウンサー
7——マンガ家
8——船長・機関長
9——映画監督
10——通訳者・通訳ガイド
11——グラフィックデザイナー
12——医師
13——看護師
14——料理人
15——俳優
16——保育士
17——ジャーナリスト
18——エンジニア
19——司書
20——国家公務員
21——弁護士
22——工芸家
23——外交官
24——コンピュータ技術者
25——自動車整備士
26——鉄道員
27——学術研究者(人文・社会科学系)
28——公認会計士
29——小学校教諭
30——音楽家
31——フォトグラファー
32——建築技術者
33——作家
34——管理栄養士・栄養士
35——販売員・ファッションアドバイザー
36——政治家
37——環境専門家
38——印刷技術者
39——美術家
40——弁理士
41——編集者
42——陶芸家
43——秘書
44——商社マン
45——漁師
46——農業者
47——歯科衛生士・歯科技工士
48——警察官
49——伝統芸能家
50——鍼灸師・マッサージ師
51——青年海外協力隊員
52——広告マン
53——声優
54——スタイリスト
55——不動産鑑定士・宅地建物取引士
56——幼稚園教諭
57——ツアーコンダクター
58——薬剤師
59——インテリアコーディネーター
60——スポーツインストラクター
61——社会福祉士・精神保健福祉士
62——中小企業診断士
63——社会保険労務士
64——旅行業務取扱管理者
65——地方公務員
66——特別支援学校教諭
67——理学療法士
68——獣医師
69——インダストリアルデザイナー
70——グリーンコーディネーター
71——映像技術者
72——棋士
73——自然保護レンジャー
74——力士
75——宗教家
76——CGクリエータ
77——サイエンティスト
78——イベントプロデューサー
79——パン屋さん
80——翻訳家
81——臨床心理士
82——モデル
83——国際公務員
84——日本語教師
85——落語家
86——歯科医師
87——ホテルマン
88——消防官
89——中学校・高校教師
90——愛玩動物看護師
91——ドッグトレーナー・犬の訓練士
92——動物園飼育員・水族館飼育員
93——フードコーディネーター
94——シナリオライター・放送作家
95——ソムリエ・バーテンダー
96——お笑いタレント
97——作業療法士
98——通関士
99——杜氏
100——介護福祉士
101——ゲームクリエータ
102——マルチメディアクリエータ
103——ウェブクリエータ
104——花屋さん
105——保健師・養護教諭
106——税理士
107——司法書士
108——行政書士
109——宇宙飛行士
110——学芸員
111——アニメクリエータ
112——臨床検査技師
113——言語聴覚士
114——自衛官
115——ダンサー
116——ジョッキー・調教師
117——プロゴルファー
118——カフェオーナー・カフェスタッフ・バリスタ
119——イラストレーター
120——プロサッカー選手
121——海上保安官
122——競輪選手
123——建築家
124——おもちゃクリエータ
125——音響技術者
126——ロボット技術者
127——ブライダルコーディネーター
128——ミュージシャン
129——ケアマネジャー
130——検察官
131——レーシングドライバー
132——裁判官
133——プロ野球選手
134——パティシエ
135——ライター
136——トリマー
137——ネイリスト
138——社会起業家
139——絵本作家
140——銀行員
141——警備員・セキュリティスタッフ
142——観光ガイド
143——理系学術研究者
144——気象予報士・予報官
145——ビルメンテナンススタッフ
146——義肢装具士
147——助産師
148——グランドスタッフ
149——診療放射線技師
150——視能訓練士
151——バイオ技術者・研究者
152——救急救命士
153——臨床工学技士
154——講談師・浪曲師
155——AIエンジニア
156——アプリケーションエンジニア
157——土木技術者
158——化学技術者・研究者
159——航空宇宙エンジニア
160——医療事務スタッフ
161——航空整備士
162——特殊効果技術者
補巻16　アウトドアで働く
補巻17　イベントの仕事で働く
補巻18　東南アジアで働く
補巻19　魚市場で働く
補巻20　宇宙・天文で働く
補巻21　医薬品業界で働く
補巻22　スポーツで働く
補巻23　証券・保険業界で働く
補巻24　福祉業界で働く
補巻25　教育業界で働く
補巻26　ゲーム業界で働く
補巻27　アニメ業界で働く
補巻28　港で働く
別巻　会社で働く
高校調べ　総合学科高校
高校調べ　農業科高校
高校調べ　商業科高校
高校調べ　理数科高校
高校調べ　国際学科高校
教科と仕事　英語の時間
教科と仕事　国語の時間
教科と仕事　数学の時間
学部調べ　獣医学部
学部調べ　農学部
学部調べ　生活科学部・家政学部

—— 以降続刊 ——

※一部品切・改訂中です。　2024.5.